全国中等职业学校机械类专业通用
全国技工院校机械类专业通用（中级技能层级）

机械制造工艺基础课
教学参考书

与《机械制造工艺基础（第七版）》配套使用

中国劳动社会保障出版社

图书在版编目(CIP)数据

机械制造工艺基础课教学参考书：与机械制造工艺基础（第七版）配套使用/王希波主编. -- 北京：中国劳动社会保障出版社，2019

全国中等职业学校机械类专业通用　全国技工院校机械类专业通用. 中级技能层级

ISBN 978－7－5167－3738－5

Ⅰ. ①机…　Ⅱ. ①王…　Ⅲ. ①机械制造工艺-中等专业学校-教学参考资料　Ⅳ. ①TH16

中国版本图书馆 CIP 数据核字(2019)第 031827 号

中国劳动社会保障出版社出版发行

（北京市惠新东街 1 号　邮政编码：100029）

*

三河市华骏印务包装有限公司印刷装订　新华书店经销

850 毫米×1168 毫米　32 开本　9.625 印张　236 千字

2019 年 2 月第 1 版　2019 年 2 月第 1 次印刷

定价：25.00 元

读者服务部电话：（010）64929211/84209101/64921644

营销中心电话：（010）64962347

出版社网址：http://www.class.com.cn

http://zyjy.class.com.cn

目　录

绪　论

一、教学目标

1. 了解机械制造过程，了解工艺文件和工艺规程。
2. 了解机械制造的主要职业（工种）和特点。
3. 明确本课程的性质和任务。

二、教学重点与难点

1. 教学重点

通过教学使学生初步掌握机械制造过程，了解工艺文件和工艺规程。了解机械制造的主要职业（工种）和特点，以及本课程的学习和训练方法等内容。

2. 教学难点

学生缺乏具体的机械制造实践认知，无论是对机械制造主要职业（工种）的工作特点，还是工艺文件和工艺规程等内容，在学习时均存在较难理解的问题。

三、学时分配表

章节内容	建议学时
绪论	2

四、教学设计与建议

（一）导入新课

课程导入的目的是在最短的时间内，将学生的注意力和兴趣迅速吸引到课堂教学中来，使教师和学生形成有机的教学整体。课程导入的方式有很多，这里教师可围绕“我们日常熟悉的金属物品是怎么制作出来的？”进行设问和课堂讨论。

生活中的很多物品是由金属材料等制成的，建议以设问的方式开始绪论的教学，如：电风扇、汽车是怎么制造出来的？钥匙是如何修配的？教室的铁门、锁、窗是通过哪些方法加工制作的？通过这些具体直观的问题很容易让学生参与到讨论中来，形成师生互动，从而引导学生进入学习状态，产生学习新知识的兴趣。

（二）知识讲授

作为全书的首篇，绪论开章明义地解释了机械制造的概念，阐述了机械制造的广泛应用及其在制造业中占有的重要地位，介绍了我国机械制造的发展和成就，最终引出了机械制造的主要职业（工种）和特点。目的在于引导学生产生联想，激发学生对本课程的学习兴趣。

1. 机械制造及工艺过程

（1）结合本校实训产品，介绍机械制造工艺及生产过程。

（2）展示实际的工艺文件和工艺规程，让学生了解其内容，懂得其重要性。

2. 机械制造的主要职业（工种）和特点

（1）按图 0—1 的教学过程，通过多媒体课件介绍机械制造分类、主要工种等概念，并结合机械制造主要工种视频或者多媒体课件介绍它们的工作特点。

（2）在讲述完机械制造的全部内容后，可通过多媒体课件中的图片资料或视频资料，简述机械制造发展史，尤其是我国机械制造发展历史和现状，强调机械制造在国民经济中的重要地位，激发学生进一步对机械制造进行了解和探求的兴趣。

（3）通过组织现场参观，加深学生对机械制造过程的感性认识。

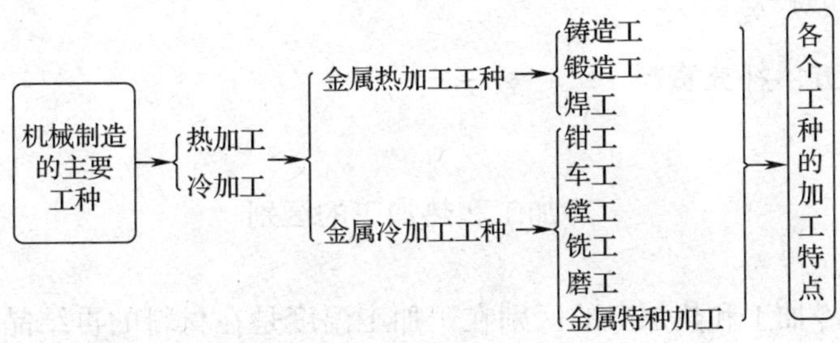

图 0—1　机械制造的职业分类

3. 本课程的性质和任务

（1）针对本课程的性质和任务进行简明扼要的叙述，使学生对课程有一个初步了解和整体性的认知，明确机械制造工艺基础在本专业学习中所占的地位，它主要研究什么？包含哪些内容？学完本课程应掌握哪些知识和技能？

（2）强调本课程的学习方法。对怎样才能学好机械制造工艺基础课，在绪论的最后讲述中应给予明确的提示，在方法上要给予指导，以帮助学生在学习过程中少走弯路，减少学习的障碍。

（3）绪论部分知识的讲解主要是为了激发学生的学习兴趣，让学生对本课程的内容和学习方法有一个感性的认识。对于课程真正的深入了解和兴趣的培养，还需通过后续教学过程来完成，所以不要期望通过一堂绪论课的教学就能解决学生的学习兴趣、学习方法等诸多问题，只要起到“激发”和“了解”的目标即可。

（4）要求学生通过网络了解更多有关机械制造的知识，并培养学生养成通过网络工具学习相关知识的良好习惯。

（5）可以布置学生课后完成开放性题目：通过网络或书籍查找资料，说出除了教材表 0—1 所列出的机械制造职业（工种）外，还有哪些机械制造的职业（工种），并简述该职业（工种）的特点。

五、补充资料

冷加工和热加工的区别

冷加工和热加工的区别在于加工温度是在材料的再结晶温度之下还是之上。加工时，材料的温度在再结晶温度以上的就是热加工；在再结晶温度以下的就是冷加工。比如说轧钢，再结晶温度约为600℃，所以用800℃轧制是热轧，就是热加工；在室温轧制是冷轧，就是冷加工。再如铅（Pb）的再结晶温度为－33℃，由于再结晶温度低于室温，因此即使在室温下加工，也是热加工。

第一章　铸　　造

一、教学目标

1．了解铸造的分类和特点。

2．熟悉砂型铸造的工艺过程。

3．了解特种铸造及铸造新技术。

二、教学重点与难点

1．教学重点

铸造是机械制造加工中作为毛坯制造的最重要的一种方法和手段，使学生了解铸造在机械制造中的作用和地位，熟悉常用的铸造方法，特别是砂型铸造的方法，是本章教学的重点。

2．教学难点

由于铸造过程的工艺比较复杂，且在日常生活中，学生对相关知识了解和认知的机会不多，所以学生对铸造的了解是非常有限的，这就给教学增加了难度，特别是砂型铸造中各种手工造型方法所涉及的专业知识和技术术语较多，这会给学生的理解带来相当大的难度。教学过程中需要教师进行必要的解释说明，这成为教学过程中的最大难点。

三、学时分配表

章节内容	建议学时
§1—1　概述	0.5
§1—2　砂型铸造	2
§1—3　特种铸造及铸造新技术	0.5

四、教学设计与建议

（一）概述

1．在机械制图、极限配合与技术测量等课程中，学生都会接触铸造的相关知识，比如铸造毛坯表面的表面结构符号、由铸造毛坯加工的叉架类和箱体类零件的零件图等。教师可以结合相关图样分析铸造零件的结构形状，引出铸造的概念。

2．结合视频给出铸造的定义和分类，并注意结合实例来介绍铸造的特点，并引出铸造的应用。除教材内容外，还可以补充并诠释铸造另外的几个特点。

（1）优点

1）可以铸造任何金属和合金铸件。

2）铸件的形状、尺寸与零件接近，因此，减少了切削加工的工作量，并可节省大量金属材料。

（2）缺点

1）铸造生产工序繁多，工艺过程较难控制，因此铸件易产生缺陷。

2）铸件的尺寸精度低。

3）与相同形状、尺寸的锻件相比，铸件内在质量较差，承载能力也不及锻件。

4）铸造生产的工作环境差、温度高、粉尘多、劳动强度大。

（二）砂型铸造

砂型铸造是应用最广泛的一种铸造方法，而且也是最传统、工艺过程最完整、造型手段最多的一种铸造方法。了解砂型铸造的工艺过程和造型方法对学生理解其他的铸造方法将起到非常关键的作用。

讲解时可结合教材中齿轮毛坯的砂型铸造工艺过程示意图，逐步展开对砂型铸造各工艺环节的介绍。

1. 制造砂型的材料与设备

（1）结合砂型铸造工艺过程讲解型砂与芯砂的概念。比如分析齿轮毛坯如何造型等，并以此引出型砂的概念，结合齿轮毛坯如何造芯引出芯砂的概念。

（2）造型与造芯、型砂与芯砂是今后学习铸造非常重要的概念，要让学生先理解后记忆。

（3）教师分析铸型各部分的作用时，让学生只了解上砂型、下砂型、浇注系统、型腔、型芯、出气孔和分型面等名词，不要深究。

（4）教师可采用问题教学法开展教学。展示教材图1—4，提出以下问题：

1）铸件在图中的什么位置？其形状如何？

2）熔融金属是如何到达铸型内腔的？

3）上砂箱与下砂箱的分型面在什么位置？

4）冒口和出气口有哪些用途？

（5）在讲解模样与芯盒时，要结合零件的实际形状进行分析，提出以下问题：

1）模样的形状与零件毛坯的哪部分结构有关？

2）芯盒的形状与零件毛坯的哪部分结构有关？

2. 砂型铸造的基本概念

（1）重点讲解加工余量、起模斜度和铸造圆角等知识，其他内容仅让学生一般了解即可。起模斜度和铸造圆角的知识学生在机械制图课中有所了解，教师可以结合相关图样进行讲解。

（2）在讲解芯头时可展示教材图1—7，提出以下问题：

芯头与哪个结构是一体的？放在哪个结构中？有什么用途？

（3）在讲解浇注系统时，要结合浇注系统的组成图进行分析，让学生结合图样理解相关概念。

教师可以先展示教材图1—8，让学生找出铸件部分，然后分析浇注时熔融金属的流动过程。逐步引出外浇口、直浇道、横浇道、内浇道和冒口的概念。

(4) 浇注系统是教学的重点之一，要让学生掌握外浇口、直浇道、横浇道、内浇道和冒口的概念及用途。

3. 砂型铸造的工艺过程

(1) 重点讲解工艺过程的步骤，具体内容可只做简单介绍。教师可以播放某一零件毛坯铸造过程的视频，结合视频分析工艺过程。

(2) 由于造型的内容较多，在教学时，教师可以将该内容分为两部分讲解，先讲授造型方法，然后分析砂型铸造的工艺过程。

(3) 有箱造型是最传统也是应用最广的造型方法，教师可以重点分析整模造型的工艺过程。其他造型方法可与整模造型进行对比讲解。

(4) 在讲解砂型铸造的工艺过程时，教师可以结合图 1—1 所示的流程图进行讲解。

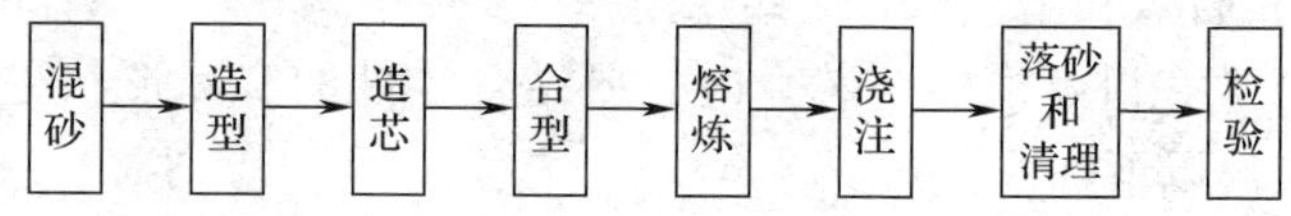

图 1—1　砂型铸造的工艺过程

4. 铸件的缺陷

教师要结合产品分析铸件缺陷对铸件质量的影响，比如齿轮泵的箱体不能有砂眼、裂纹，否则会出现漏油现象，影响产品的质量。对于支架类零件，有少量的砂眼对零件质量影响不大。

(三) 特种铸造及铸造新技术

教学中注意以下几点：在介绍特种铸造及铸造新技术的相关内容时，可从与传统砂型铸造方法的比较引入，再利用多媒体对特种铸造及铸造新技术的现状、分类以及发展趋势进行综合介绍；特种铸造及铸造新技术是正在不断更新发展的技术，所以在本章课程结束时，要引导学生通过网络去查询和了解更多的新知识和新信息。

1. 特种铸造

特种铸造的教学重点是先讲清楚熔模铸造的方法和工艺过程，讲解时结合多媒体课件按其工艺过程讲清楚每一步的操作过程和目的。

在介绍熔模铸造、金属型铸造、压力铸造和离心铸造时应注意讲清楚各自的工艺过程和特点，最后再对几种特种铸造方法的特点和应用情况进行总结性对比讲解。

2. 铸造新技术和新工艺

理论上讲，除砂型铸造以外的铸造方法都称为特种铸造，而一些铸造的新工艺、新技术实际上是在传统砂型铸造工艺的基础上对工艺方法进行的重大改进和创新，如消失模铸造和陶瓷模铸造工艺都是在传统的砂型铸造基础上发展而来的。因此，讲解时应与砂型铸造的工艺过程进行对比，通过对比讲解更容易使学生了解这些新工艺、新技术的特点和优势。

五、补充资料

1. 型（芯）砂的组成

为满足各种性能要求，型（芯）砂要用多种原料按一定比例在混砂机器中混制而成。常用的原料有：

（1）原砂

原砂即新砂，最常用的铸造砂是硅质砂，主要成分为 SiO_2，铸造用砂 SiO_2的含量为 85% ~97%。

（2）附加物

附加物是指为改善型（芯）砂的某些性能而加入的材料。如加煤粉来防止粘砂；加木屑来减少铸件内应力，防止变形和开裂。

（3）黏结剂

黏结剂是用来黏结砂粒的材料，主要有黏土、水玻璃、树脂、合脂、植物油等。常用黏结剂是黏土，其只有被水润湿后才能发挥作用。对于要求高的芯砂可采用有机黏结剂，如合脂或树脂等。

（4）水

加入水的目的是和黏土混合形成黏土浆，包附在单个砂粒的表面，使砂粒之间具有一定黏结力，水分的多少直接影响型砂的性能，如强度和透气性等。黏土与水分的重量比为3∶1时型砂强度可达最大值。

2. 型（芯）砂的性能

型砂的质量直接影响铸件的质量，型砂质量差会使铸件产生气孔、砂眼、粘砂、夹砂等缺陷。良好的型砂应具备下列性能：

（1）透气性

型砂可排出气体的能力称为透气性。高温金属液浇入铸型后，型内充满大量气体，这些气体必须从铸型内部顺利排出去，否则将使铸件产生气孔、浇不足等缺陷。

铸型的透气性受砂的粒度、黏土含量、水分含量及砂型紧实度等因素的影响。砂的粒度越细，黏土及水分含量越高，砂型紧实度越高，透气性则越差。

（2）强度

型砂抵抗外力破坏的能力称为强度。型砂必须具备足够高的强度才能在造型、搬运、合箱过程中不引起塌陷，浇注时也不会因金属液的冲击破坏铸型表面。型砂的强度也不宜过高，否则会因透气性、退让性的下降使铸件产生缺陷。

（3）耐火性

耐火性是指型砂抵抗高温热作用的能力。耐火性差，铸件易产生粘砂。型砂中 SiO_2 含量越多，型砂颗粒度越大，耐火性越好。

（4）可塑性

可塑性是指型砂在外力作用下变形，去除外力后能完整地保持已有形状的能力。可塑性好，造型操作方便，制成的砂型形状准确、轮廓清晰。

（5）退让性

退让性是指铸件在冷凝时，型砂可被压缩的能力。退让性不好，铸件易产生内应力或开裂。型砂越紧实，退让性越差。在型砂中加入木屑等材料可以提高退让性。

（6）溃散性

铸件冷凝后，型（芯）砂容易从铸件上清除的性能称为溃散性。型（芯）砂溃散性差增大了铸件清砂的难度。

3. 铸件的缺陷（见表1—1）

表1—1　铸件的缺陷

序号	缺陷类别	主要缺陷
1	多肉类	飞翅、毛刺、抬型（抬箱）、胀砂、冲砂、掉砂、外渗物等
2	孔洞类	气孔、针孔、缩孔、缩松、疏松（显微缩松）等
3	裂纹、冷隔类	冷裂、热裂、热处理裂纹、白点（发裂）、冷隔、浇注断流等
4	表面缺陷类	夹砂结疤、机械粘砂、化学粘砂、表面粗糙、皱皮、缩陷等
5	残缺类	未浇满、跑火、型漏（漏箱）、损伤等
6	形状及质量差错类	拉长、超重、变形、错型（错箱）、错芯、偏芯（漂芯）等
7	夹杂类	夹杂物、内渗物、冷豆、渣气孔、砂眼等
8	性能、成分及组织不合格	亮皮、菜花头、石墨漂浮、石墨集结、组织粗大、偏析、硬点、反白口、球化不良、球化衰退、脱碳等

其中，错型（错箱）是铸件在分型面处有错移，产生的原因是模样的上半模和下半模未对好。合箱时，上下砂箱未对准，如图1—2所示。

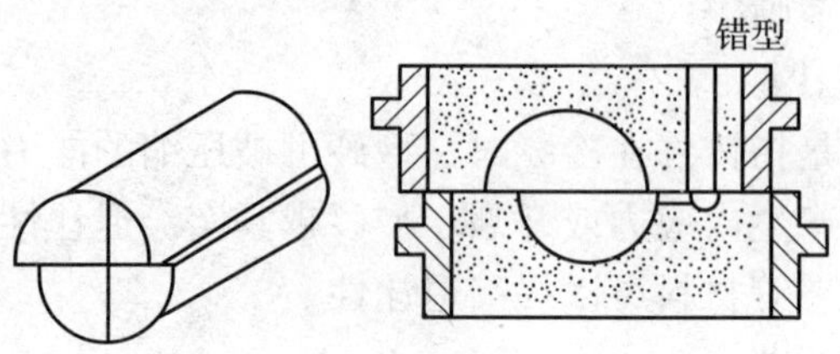

图 1—2　错型

4. 特种铸造的特点及应用（见表 1—2）

表 1—2　　特种铸造的特点及应用

特种铸造	特点	应用
熔模铸造	合金铸件，生产工艺复杂，生产周期长，成本高	用于以碳钢、合金钢为主的合金和耐热合金的复杂、精密铸件（铸件质量不大于 10 kg）的成批生产
金属型铸造	与砂型铸造相比，铸件精度高，力学性能好，生产率高，无粉尘；铸造非铁合金铸件有细化组织的作用，铸造灰铸铁件易出现白口；设备费用较高	用于非铁合金铸件的成批生产；铸件不宜过大，形状不宜过于复杂，铸件壁不能太薄
压力铸造	精度高、效率高的高压成型方法，可以铸造形状复杂的薄壁铸件；但压铸机昂贵，压铸型制造复杂、费用高	用于锌合金、铝合金、镁合金、铜合金等有色金属合金的中、小型薄壁铸件的大批生产
离心铸造	铸件组织细密，设备简单，成本低，生产效率高；但内表层余量大，机械加工量大	用于空心回转体铸件的单件或批量生产，并可进行双金属衬套、轴瓦的铸造

第二章　锻　　压

一、教学目标

1. 了解锻造、冲压和其他压力加工的基本概念、特点。

2. 了解锻造的基本生产工艺，掌握自由锻的基本工序和特点，了解模锻的基本工序和特点。

3. 了解冲压的常用设备和基本工序。

二、教学重点与难点

1. 教学重点

自由锻的基本工序和特点。

2. 教学难点

各种锻压设备的结构和工作原理。

三、学时分配表

教学内容	建议学时
§2—1　概述	1
§2—2　锻造	3
§2—3　冲压	1

四、教学设计与建议

（一）概述

1. 锻造

（1）可通过锻造的相关视频引入教学。

（2）教师展示铸件和锻件，引导学生对铸件和锻件的外观、内在质量、性能和工艺方法进行对比，让学生了解锻压加工的特点及应用场合。

2. 冲压

（1）展示冲压件，让学生分析冲压件的结构与锻件有哪些不同，从而引出冲压的概念。

（2）冲压件在生活中非常常见，可让学生展开讨论：在哪些地方用到了冲压件？

（3）让学生分析冲压件的原材料与锻件有哪些不同。

3. 压力加工简介

可结合视频或工艺简图简单介绍轧制、拉拔和挤压的工艺方法。

（二）锻造

1. 锻造生产工艺过程

（1）简单介绍各种下料方法，重点强调锻造的原材料是型材和钢坯。用多媒体展示各种锻造原材料，让学生对其有一个形象的认识。

（2）结合金属材料及热处理的知识，分析锻造加热的目的及温度。

（3）锻造的目的是改变形状，可以让学生思考：如何改变锻件原材料的形状？可以用什么样的设备？

（4）在讲授锻件的冷却时，可结合热处理的冷却方法进行讲解，分析锻件的冷却与普通零件热处理的冷却有哪些不同。

（5）锻件也需要热处理，要让学生明白，锻件只是毛坯，还需要进行机械加工，所以锻件的热处理不是最终热处理，要考虑机械加工的需要。

2. 自由锻

（1）展示自由锻的视频，让学生对自由锻工艺及所用的设备有一个基本的了解。

（2）在讲解自由锻的设备时，重点分析空气锤，通过分析空气锤的结构和工作原理，让学生进一步理解锻造工艺。

(3) 教师要结合空气锤的结构图和工作原理图分析设备各部分的结构及用途，特别要讲清楚锻件放在什么位置，上砧块和下砧块有哪些用途。

(4) 在介绍自由锻工具时，可分析比较几种重要的工具，并说明它们的用途。

(5) 在讲授自由锻的基本工序时，可以先展示相关的工艺示意图，让学生分析图样说明了什么，然后教师再分析工艺方法。

(6) 镦粗是最常用的锻造方法，教师可以结合视频重点讲解，也可以结合镦粗锻件的零件（如齿轮毛坯）或零件图讲解镦粗的工艺、特点及用途。

(7) 讲解过程中应对操作顺序和工序中所使用的冲头、垫环、剁刀、压棍、剁垫等工具的作用进行简单的介绍。

3. 模锻

(1) 通过视频资料让学生了解模锻的工艺过程。

(2) 胎模锻的模具是可以移动的，而膜锻的上模与下模分别紧固在锤头（或滑块）与砧座（或工作台）上。教师可以此让学生区分胎模锻和膜锻。

(三) 冲压

1. 展示冲压视频，让学生了解冲压设备和冲压工艺。教师结合视频讲解冲压的特点和用途，让学生通过网络了解冲压件在生活和生产中的应用。思考问题：你见过哪些冲压件，它们有什么特点？

2. 展示开式单柱曲轴冲床的结构图和工作原理图，分析其结构和工作特点。教师可补充讲授操作冲床时安全操作的重要性，培养学生的安全生产意识。

3. 展示与冲压工序相关的图样，让学生分析冲压过程，培养学生的自学能力。在教学过程中，教师可以结合图样提出相关问题，比如：凸模在哪里？是什么形状？凹模在哪里？是什么形状?

五、补充资料

1. 锻压加工的发展

人类在新石器时代末期，已开始以锤击天然红铜来制造装饰品和小用品。我国在公元前 2000 多年已应用冷锻工艺制造工具，如甘肃省武威县皇娘娘台齐家文化遗址出土的红铜器物就有明显的锤击痕迹。商代中期用陨铁制造武器，采用了加热锻造工艺。1842 年，英国的内史密斯制成第一台蒸汽锤，使锻造进入应用动力的时代。之后陆续出现了锻造水压机、电动机驱动的夹板锤、空气锻锤和机械压力机。夹板锤最早应用于美国内战(1861—1865 年）期间，用以模锻武器的零件，随后在欧洲出现了蒸汽模锻锤，模锻工艺逐渐推广。到 19 世纪末已形成近代锻压机械的基本门类。

随着科学技术的不断发展，现代锻压技术取得了突破性的进展，出现了许多先进的加工方法。这些新工艺、新技术不但提高了锻压件的质量和精度，从而实现少（或无）切削加工，降低了成本；而且还突破了部分材料的限制，使过去难以通过锻压方法加工的材料成为现实。

未来锻压工艺将向提高锻压件的内在质量、发展精密锻造和精密冲压技术、研制生产效率和自动化程度更高的锻压设备和锻压生产线、发展柔性锻压成形系统、发展新型锻压材料和锻压加工方法等方面发展。

2. 锻压的分类

(1) 热锻压

热锻压是在金属再结晶温度以上进行的锻压。提高温度能改善金属的塑性，有利于提高工件的内在质量，使之不易开裂。高温度还能减小金属的变形抗力，降低所需锻压机械的吨位。但热锻压工序多，工件精度差，表面不光洁，锻件容易产生氧化、脱碳和烧损。

锻压可以有效地改变金属组织，提高金属性能。铸锭经过热锻压后，原来的铸态疏松、孔隙、微裂等被压实或焊合；原来的枝状结晶被打碎，使晶粒变细；同时改变原来的碳化物偏析和不均匀分布，使组织均匀，从而获得内部密实、均匀、细微、综合性能好、使用可靠的锻件。锻件经热锻变形后，金属是纤维组织；经冷锻变形后，金属晶体呈有序性。锻压出的工件尺寸精确，有利于组织批量生产。

（2）冷锻压与温锻压

冷锻压是在低于金属再结晶温度下进行的锻压，通常所说的冷锻压多专指在常温下的锻压；而将在高于常温但又不超过再结晶温度下的锻压称为温锻压。温锻压成形的工件，其尺寸精度较高，表面较光洁且变形抗力不大。在常温下冷锻压成形的工件，其形状和尺寸精度高，表面光洁，加工工序少，便于自动化生产。许多冷锻、冷冲压件可以直接用作零件或制品，而不再需要切削加工。但冷锻时，因金属的塑性低，变形时易开裂，变形抗力大，需要大吨位的锻压机械。

（3）等温锻压

等温锻压是在整个成形过程中坯料温度保持恒定值。等温锻压是为了充分利用某些金属在某一温度下所具有的高塑性，或是为了获得特定的组织和性能。等温锻压需要将模具和坯料一起保持恒温，所需费用较高，仅用于特殊的锻压工艺，如超塑成形。

3. 坯料的加热

金属的锻压性能又称可锻性，是表征金属适应锻压的能力，用塑性、变形抗力两方面的性能指标来衡量。塑性高、变形抗力小的金属可锻性好；反之，可锻性差。金属的可锻性取决于金属的性质和变形条件。

（1）金属性质的影响

1）化学成分。一般情况下，纯金属比合金的可锻性好；合金元素的种类或含量越多，可锻性越差。例如，低碳钢比纯铁的可锻性差，高碳钢可锻性更差；合金钢比碳钢的可锻性差，高合金钢可锻性更差。

2）组织结构。一般情况下，固溶体（如奥氏体）比金属化合物（如渗碳体）的可锻性好；细晶组织比粗晶组织的可锻性好。

（2）变形条件的影响

1）变形温度。在一定的变形温度范围内，温度升高使金属的塑性提高，可锻性得以改善。必须注意：变形温度过高，金属塑性将因晶粒剧烈变大（过热）或晶界氧化（过烧）而急剧降低，可锻性变差；变形温度太低，可锻性将因变形抗力增大而变差。

2）变形速度。变形速度是指单位时间内的变形程度。图2—1所示为热变形时变形速度对可锻性的影响曲线。以临界变形速度 *C* 点为界，曲线左侧，尤其是 *A* 点左侧，变形速度越低，引起的冷变形强化越能被再结晶过程所及时消除，可锻性得到改善。因此，塑性较低的材料或大型锻件常在变形速度较低的各种压力机上锻造，而不用锻锤锻造。曲线右侧，随着变形速度的增大，尤其是 *B* 点右侧，变形速度很高，塑性变形能大量地转化为热量，使金属温度升高，再结晶过程加快，同样能及时消除变形引起的硬化，可锻性得到改善。所以，常用高速锤等设备锻造强度高、塑性低的金属材料。

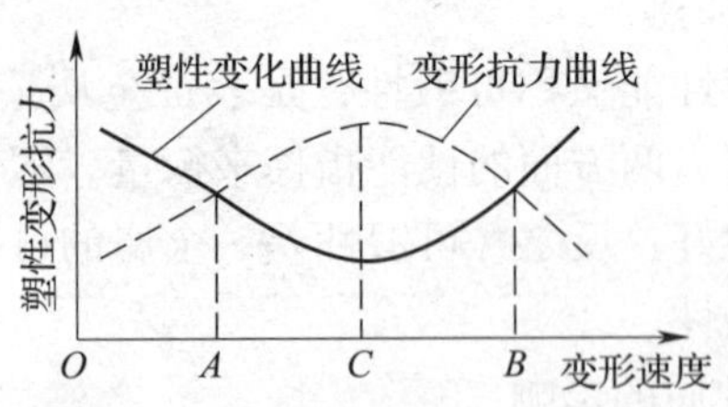

图2—1　变形速度对可锻性的影响

3）应力状态。金属变形时若三向均受压，变形抗力较大，但金属内部微观缺陷难以扩展，提高了塑性。这一类变形加工（如模锻、挤压）所需设备的吨位较大，一旦克服了抗力，金属成形就比较容易，适宜塑性较差的材料。拉应力易使金属内部缺陷扩大，但变形时抗力较小，所需设备吨位小，所以对塑性好的材料可选择受少数拉应力的变形方法，以减少变形功消耗。

4. 锻件常见的缺陷

（1）缩孔

由于钢锭凝固时体积收缩引起的孔穴称为缩孔。

（2）非金属夹杂

存在于金属基体上不作为强化作用的非金属物质统称为非金属夹杂。如钢中的氧化物及硫化物，前者硬脆，锻造时易被压碎，沿主伸长方向呈链状分布；后者可变形，锻后沿主伸长方向被拉长。

（3）偏析

铸锭内化学成分不均匀的现象称为偏析。

（4）过烧

加热温度超过始锻温度过多，使晶粒边界出现氧化及熔化的现象称为过烧。

（5）过热

金属由于加热温度过高或高温下保持时间过长引起晶粒粗大的现象称为过热。

（6）氢脆

金属中含氢量高或在氢介质中工作，因氢入侵而发生使金属与合金脆化的现象称为氢脆。它是一种延迟性破坏，即材料在低于抗拉强度的应力作用下经过一段时间后突然断裂。

（7）模锻不足

锻件在分模面垂直方向上的所有尺寸增大，即超过设计图样上规定的标高尺寸称为模锻不足。产生的原因是由于锤击次数太少、设备吨位不够、终锻温度低或桥口阻力过大等。

（8）缺肉

锻件实际尺寸（长、宽和高）小于锻件图样的相应尺寸称为缺肉。

（9）折叠

塑性加工时将坯料已氧化的表层金属汇流贴合在一起压入工件而造成的缺陷称为折叠。

（10）错差

模锻件沿分模面的上半部相对于下半部产生了位移的现象称为错差。

（11）发纹

钢中非金属夹杂物、疏松及气孔变形后沿主伸长方向分布的极微细纹路称为发纹。

（12）中心裂纹

圆断面坯料在平砧下小压缩量拔长时，由于变形不均匀、温度偏低使轴心部分金属沿径向受附加拉应力而引起的裂纹称为中心裂纹。

（13）角裂

矩形断面坯料在平砧下拔长时，由于变形及温度不均匀，在棱角处产生的裂纹称为角裂，高合金低塑性锭料在锤上开坯时常出现。

（14）龟裂

锻件表面出现的较浅的龟纹状裂纹称为龟裂。

第三章　焊　　接

一、教学目标

1．了解焊接的特点、分类和应用。

2．了解焊条电弧焊的原理、特点和焊接参数的具体应用。

3．掌握焊条电弧焊的基本操作及焊接参数的调节。

4．了解气焊、气割、氩弧焊、二氧化碳气体保护焊、埋弧焊等焊接工艺。

5．了解焊接机器人的分类、组成及编程方法。

二、教学重点与难点

1．教学重点

焊条电弧焊焊接参数的选择和焊条电弧焊的基本操作。

2．教学难点

焊条电弧焊焊接参数的选择。

三、学时分配表

教学内容	建议学时
§3—1　概述	1
§3—2　焊条电弧焊	5（含3个实训学时）
§3—3　气焊与气割	2
§3—4　其他常用焊接方法	1
§3—5　焊接机器人	1

四、教学设计与建议

（一）概述

1. 焊接的分类

（1）可通过国家体育场（鸟巢）的相关视频引入焊接的概念。

（2）多媒体课件展示使用各种焊接方法焊接的产品，引导学生比较用不同焊接方法焊接的产品，让学生了解焊接方法的分类。

2. 焊接的特点及应用

（1）展示铆接件、铸件、锻件和焊件，让学生分析各种零件的结构和性能，从而引入焊接的特点。

（2）焊件在生活中非常常见，可让学生展开“在哪些产品上用到了焊接”的讨论，进而得出焊接的应用范围。

（二）焊条电弧焊

1. 焊条电弧焊的原理和特点

（1）通过视频或结合多媒体课件介绍焊条电弧焊的原理，重点是把熔渣、熔滴、熔池、保护气体、药芯等所起的作用讲解清楚。

（2）结合焊接视频，讨论分析得出焊接的特点。

2. 焊接电弧及焊缝形式

（1）展示焊接电弧的动画，让学生认识焊接电弧的构造和特点。

（2）通过展示生活中或生产中的焊接产品引出焊缝形式，进而通过多媒体课件展示其余的焊缝形式。

3. 弧焊电源

（1）通过图片对比，得出弧焊电源型号的不同，进而得出弧焊电源的分类。

（2）简单介绍弧焊发电机。弧焊发电机也是弧焊电源的一种，但是由于其结构较大和焊接性能不稳定等特点已经被淘汰。

4. 焊条

（1）课堂展示焊条，由学生观察并讨论焊条的组成。

（2）利用多媒体课件，通过图表的形式展示焊条的分类。

5. 焊接用具

（1）通过展示焊接视频，由学生观察讨论得出部分焊接用具，教师再做补充。

（2）利用多媒体课件，通过图表的形式展示各种焊接用具的作用。

6. 焊条电弧焊焊接参数

（1）先通过视频简单介绍焊条电弧焊焊接参数的种类及选择的具体原则，然后具体讲解常用焊接参数的简单选择。

（2）通过案例讲解坡口的具体应用。

7. 焊条电弧焊操作技术

（1）通过视频简单介绍焊条电弧焊的引弧方式和收弧方式，并通过板书讲解在引弧或收弧过程中需要注意的事项。

（2）利用多媒体课件展示焊条电弧焊运条方法，并结合实例具体讲解各种运条方法的适用范围。

（三）气焊与气割

1. 气焊

（1）展示气焊的视频，让学生了解气焊设备和气焊工艺。教师结合视频讲解气焊的特点、原理和应用，让学生通过网络了解气焊在生活和生产中的应用。

（2）采用多媒体课件按照连接顺序展示气焊设备的组成，培养学生的整体意识。

（3）采用对比法讲解氧气减压器和乙炔减压器的构造和原理。

（4）采用现场演示法展示焊炬的握法和焊丝的送法。

（5）通过视频演示气焊焊接参数的种类及具体的选择原则。

2. 气割

（1）展示气割的视频，让学生了解气割设备和气割工艺。

教师结合视频讲解气割的特点、原理和应用，让学生通过网络了解气割在生活和生产中的应用。

（2）授课时多采用比较法教学，既要将气焊与气割、焊条电弧焊比较，又要注意比较气焊与气割的异同点。

（3）利用多媒体课件，按照连接顺序展示气割设备的组成，培养学生的整体意识。

（4）采用现场演示法展示割炬的握法。

（5）通过视频演示气割参数的种类及具体的选择原则。

（四）其他常用焊接方法

1. 埋弧焊

（1）对照焊条电弧焊，讲解埋弧焊的原理、特点及应用。

（2）通过视频演示埋弧焊的焊接过程，让学生对埋弧焊的焊接参数有大概的了解。

2. 二氧化碳气体保护焊

（1）对照焊条电弧焊，讲解二氧化碳气体保护焊的原理、特点及应用。

（2）利用视频演示二氧化碳气体保护焊的焊接过程，让学生对二氧化碳气体保护焊的焊接参数有大概的了解。

3. 手工钨极氩弧焊

（1）对照二氧化碳气体保护焊，讲解手工钨极氩弧焊的原理、特点及应用。

（2）利用视频演示手工钨极氩弧焊的焊接过程，让学生对手工钨极氩弧焊的焊接参数有大概的了解。

4. 等离子弧焊

（1）利用视频展示等离子弧焊的原理、特点和应用。

（2）比较讲解转移型等离子弧和非转移型等离子弧的区别和特点。

5. 电阻焊

（1）利用视频展示电阻焊的分类、原理、特点和应用。

（2）比较讲解电阻点焊和缝焊的应用范围。

6. 钎焊

（1）利用视频展示钎焊的原理、特点和应用。

（2）比较讲解软钎焊和硬钎焊的应用范围。

（五）焊接机器人

1. 焊接机器人的发展

（1）利用视频演示三代焊接机器人的发展。

（2）讨论分析目前的焊接机器人处于哪个发展阶段。

2. 焊接机器人在焊接生产中的应用

（1）利用视频演示柔性焊接的概念。

（2）利用工厂焊接现场视频演示焊接机器人在焊接生产中的应用。

3. 焊接机器人的组成、特点、分类、应用和编程

（1）采用比较法讲解焊接机器人的分类和组成。

（2）采用讨论法讲解点焊机器人和弧焊机器人的特点和基本性能要求。

五、补充资料

1. 热切割

热切割是利用热能使材料分离的方法。热切割可分为气割（火焰切割）、电弧切割和激光切割三大类，如图 3—1 所示。

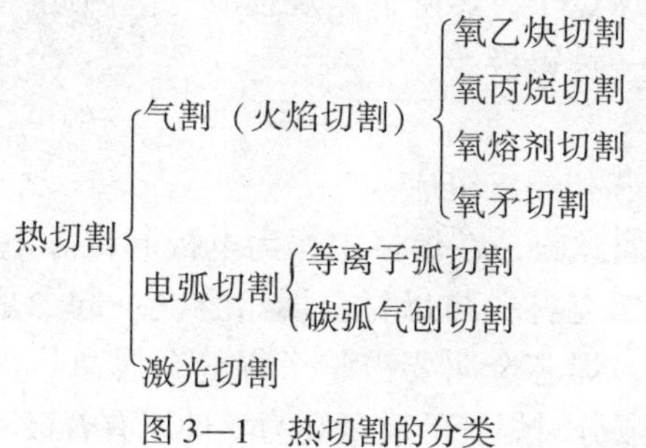

图 3—1　热切割的分类

电弧切割常用的是等离子弧切割，主要用于切割不锈钢、铸铁、铝及铝合金、铜及铜合金。

激光切割采用大功率的二氧化碳连续激光器，可进行碳素钢、不锈钢、钛合金等薄件的切割。激光切割具有切缝窄、热影响区小、速度快、切口光洁等优点。

2. 电弧偏吹

在正常焊接过程中，电弧的轴线总是沿着电极中心线的方向，即使焊条倾斜于工件时，仍有保持轴线方向的倾向，而电弧是由气体电离构成的柔性导体，因此，当受到焊条偏心度过大、电弧周围气流的干扰、磁场等外力作用时，很容易发生偏摆，这种现象称为电弧偏吹。电弧偏吹不仅使电弧燃烧不稳定，还会加大飞溅和使下落的熔滴失去保护，所以会严重影响焊接质量。

3. 钍钨极和铈钨极

钍（元素符号 Th，音 tǔ）钨极是最早使用的稀土钨电极，也是迄今为止焊接性能最好的钨电极品种。但因为钍是放射性元素，在制造钍钨电极的粉末冶金和压延磨抛过程中会发生放射性污染，所以其生产和使用受到一定限制。

铈（元素符号 Ce，音 shì）钨极是另一种稀土钨电极，其优点是放射性污染及抗氧化性能比钍钨极有较大改善；电子逸出功比钍钨极低，引弧容易，电弧稳定性更好。另外，铈钨极化学稳定性好，阴极斑点小，压降低、烧损少等。因此，目前是 TIG 焊中应用最广的一种钨极。

4. 焊条

焊条由焊芯和药皮组成。

焊芯是金属丝料，在焊接中作为电极起传导电流、引燃和维持电弧及作为填充材料与母材金属熔合在一起形成焊缝的作用。焊条电弧焊时，焊芯金属要占整个焊缝金属总量的 50% ~70%，因此，其化学成分对焊缝的质量和力学性能有着极其重要的影响。

药皮在焊接过程中起保护（造气、造渣）、合金化（脱氧、脱硫、脱磷、掺和）以及改善焊接工艺条件（稳弧、改善成形、脱渣、减少飞溅）等作用。

常用的碳钢焊条按其药皮成分和类型又分为钛铁型焊条、钛钙型焊条、高纤维钠型焊条、高纤维钾型焊条、高钛钠型焊条、高钛钾型焊条、低氢钠型焊条、低氢钾型焊条和氧化铁型焊条等。

焊条的药皮熔化后形成的熔渣分为碱性熔渣和酸性熔渣。选用焊条的基本原则如下：

（1）等性能原则

即选用的焊条焊后应保证焊缝的力学性能、化学性能及其他性能等与母材相同或相近。

不厚的碳钢、合金结构钢焊件，同钢种焊接时，按钢材的抗拉强度，"等强度"选用相应的酸性焊条；对于含碳量偏高的焊件，则按"等强度"选用相应的碱性（低氢）焊条。

异种钢材焊接时，焊条应按强度较低的钢材"等强度"选用。

同种耐热钢或不锈钢焊件焊接时，应以确保焊缝的耐热性能或耐蚀性能不低于母材的原则选用相应的焊条。

母材的碳、硫、磷含量偏高时，应选用抗裂性、抗气孔能力较强的焊条。

（2）工作条件

即根据焊件的工作条件来选用焊条。例如，在动载荷或腐蚀、高温、低温等条件下工作的焊件，应优先选用"等性能"的碱性焊条。

（3）结构特点

即考虑焊件结构特点选用焊条。例如，对于形状复杂或厚大的构件，应选用抗裂性好的碱性（低氢）焊条；对于立焊、仰焊等焊缝较多的焊件，应选用适于全位置施焊的焊条。

在满足上述原则的前提下，还应结合现场施工条件、生产批量、经济性等因素，经综合考虑最后确定选用焊条的具体型号。

5. 焊接电源

直流弧焊发电机和弧焊整流器都是直流电源，前者由交流电动机带动直流发电机产生直流电，后者则用整流器将交流电整流成直流电。直流弧焊发电机虽能获得稳定的直流电，使焊接时引弧容易、电弧稳定，但由于结构复杂、造价高，且维修较困难，加上空载损耗大和工作时噪声大，已逐渐被弧焊整流器所替代。

交流弧焊变压器是交流电源，其电弧稳定性不如直流电源，但其结构简单、制造方便、成本低廉、使用可靠、维修方便，因而得到普遍应用。

6. 焊条电弧焊工艺

由于焊接电弧（由阴极区、弧柱和阳极区组成）在阳极区产生的热量较阴极区要多，温度较高，因此，对于直流电源来说就有正接和反接两种不同的接线方法。正接用于熔点较高的金属材料和厚板料的焊接；反接多用于铸铁、有色金属及其合金或薄焊件的焊接。

选择焊接工艺参数是指焊接时为保证焊接质量而选定的有关参数的总称。

（1）焊接电流

焊接时，流经焊接回路的电流称为焊接电流。焊接电流的增大能提高生产效率，增加熔深。但焊接电流过大，不仅容易使焊缝咬边和烧穿，熔深过大会加剧焊缝的热裂倾向，使接头组织过热、性能下降，而且金属飞溅加剧，药皮因过热而失效，甚至焊芯被烧红或不规则熔断；焊接电流过小则容易出现夹渣和未焊透现象，同样会使接头性能降低。

在非平焊位置焊接或使用碱性焊条、不锈钢焊条时，焊接电流应适当减小。

（2）焊接层数

焊件厚度大时需要采用多层焊，焊接层数的选择要兼顾质量和生产效率，一般取每层焊缝的厚度为焊条直径的0.8~1.2倍。

（3）电弧电压

电弧电压一般应在25~30 V之间为宜。

（4）焊接速度

单位时间内完成的焊缝长度称为焊接速度。在保证接头质量的前提下，应尽量采用较大的焊接速度，以利于提高生产效率，减小过热区和焊接变形。

7. 气焊

由于乙炔与氧混合燃烧时，火焰温度比其他可燃气体燃烧时温度高（可达3 300℃），因此，氧乙炔焰是气焊最常用的热源。与电弧焊相比，气焊有以下特点：

（1）气焊用气体火焰作为焊接热源，焊接时不需要电源。

（2）气焊的火焰温度比电弧焊的电弧温度低、火焰易控制、热输入调节方便、设备简单、使用灵活。

（3）气焊的火焰热量比电弧热量分散，焊接时焊件的受热面积大，因此，焊件的变形也大，焊接质量不如电弧焊。

（4）气焊生产效率较低。

8. 气割

（1）气割是利用火焰对金属材料进行热切割的一种加工方法。

（2）为保证气割质量和切割顺利进行，被切割金属材料的燃点和切割时生成的金属氧化物的熔点都应低于金属的熔点，且切割温度下金属氧化物的流动性要好。因此，不是所有金属材料都能进行气割，气割主要适用于低碳钢、低合金钢和钛合金。

气焊炬与割炬的结构原理相似，其不同之处在于气焊炬使用可换焊嘴，割炬使用可换割嘴，割嘴结构上在中心处有一个输送切割氧的通道（即切割嘴）。此外，割炬较气焊炬多一根切割氧气管道。

第四章　切削加工基础

一、教学目标

1. 掌握切削加工的实质及其种类。
2. 了解金属切削机床的分类，正确识读常用机床的型号。
3. 掌握切削运动的组成，明确主运动和进给运动的作用。
4. 掌握切削三要素及切削用量的选用原则。
5. 掌握切削刀具的种类、结构及其角度。
6. 掌握常用刀具材料的种类及选用。
7. 了解切削力和切削温度。
8. 熟悉切削液的作用、种类及其正确选用。
9. 了解加工精度和加工表面质量。

二、教学重点与难点

1. 教学重点

切削加工是金属加工最重要的加工手段，学生必须掌握切削加工的实质和主要形式。

让学生了解机床型号的编制方法，学会识读常用机床型号也是本章教学的重点。教学中教师可针对车床、铣床、钻床等常用机床型号进行重点讲解。

切削运动的组成、要素及切削用量的选用，切削刀具的种类、结构及其角度，刀具材料的种类及选用，加工精度与加工表面质量等知识点是掌握切削加工必须具备的基础知识，需要学生重点掌握。

2．教学难点

由于不同机床的组系划分方法不同，主参数的规定也有所不同，所以，学生在识读不同机床的组系代号和主参数时会遇到一定的困难，这是教学中的难点。

由于构成切削刀具的几何角度需要通过一些假想的参考平面加以定义，定义比较抽象，而且其选用的原则又受到材料、切削条件等众多因素的影响，因此，关于刀具的几何形状及选用的内容是本章教学的难点。

三、学时分配表

章节内容	建议学时
§4—1　金属切削机床的分类与型号	2
§4—2　切削运动与切削用量	2
§4—3　切削刀具	4
§4—4　切削力与切削温度	2
§4—5　切削液	1
§4—6　加工精度与加工表面质量	1

四、教学设计与建议

本章是后面冷加工章节的开篇内容，在教材结构上起承上启下的作用。本章教学将为后续切削加工方法的讲解奠定重要的理论基础，建议在教学中注意以下几点：

第一，教学前最好通过参观机加车间或观看视频资料，让学生对切削加工有一个整体的初步了解和感性认识，为后续展开的课堂互动式教学做好准备。

在参观时应让学生做好机床铭牌的记录，为“§4—1　金属切削机床的分类与型号”的教学做好准备。

第二，要注意本章各教学内容间的内在关系，讲解切削运动、切削用量以及刀具切削部分的几何形状时可围绕零件表面的形成规律去介绍。

第三，对于刀具几何形状等难点内容的介绍、讲解，最好结合视频、幻灯片、挂图、模型和实物来进行。

第四，正确区分切削加工与机械加工。国家标准《机械制造工艺基本术语》（GB/T 4863—2008）对机械加工和切削加工明确定义为：机械加工是利用机械力对各种工件进行加工的方法；切削加工是利用切削工具从工件上切除多余材料的加工方法。

由以上定义可知，机械加工的范畴比切削加工要广得多。它不仅包括切削加工，还包括使材料产生塑性变形或分离而无切屑的加工方法（压力加工）。由于切削加工在机械制造工艺过程中占有极其重要的地位，在机械制造业长期的发展过程中，人们习惯上将切削加工中利用各类机床对工件进行切削的加工称为机械加工，如车削、铣削、刨削、磨削等。教材按传统习惯处理，狭义的机械加工仅指用机床进行的切削加工。

（一）参观机加车间

带领学生参观机加车间，让学生仔细观察机加车间所配备机床的结构、型号、用途，并记录参观学习内容。参观时，教师可做简单讲解，让学生对切削加工有一个整体的初步了解和感性认识，为后续开展的课堂互动式教学做好准备。

（二）金属切削机床的分类与型号

检查学生在参观机加车间时的参观记录，通过对学生记录内容的识读和对比，引出机床的分类和型号的编制方法，再通过对典型机床型号的解读练习帮助学生了解常用机床型号的识读方法，并通过举例讲解和让学生通过网络查询等方式，对更多的典型机床型号进行解读，以提高和巩固学生识读机床型号的能力。

1. 金属切削机床的分类

教师首先根据国家标准《金属切削机床型号编制方法》

（GB/T 15375—2008），详细讲解金属切削机床的分类。

2. 金属切削机床的型号

（1）向学生强调：机床型号不仅是一个代号，而且能表示出机床的名称、主要技术参数、性能和结构特点。它给机床的选用、使用、了解、管理、装配与维修工作带来很大便利。因此，应该了解机床型号的组成及其含义。

（2）先用幻灯片将通用机床型号的表示方法展示给学生，并板书一典型机床牌号讲解表示方法。为了便于学生理解和掌握，应先解释学生比较熟悉的最典型的 CA6140A 型机床型号的含义；再逐个分项学习由大写汉语拼音字母及阿拉伯数字组成的机床型号中各代号的含义。

（3）再结合机床的分类介绍通用机床的类代号、通用特性代号。由于组、系代号对于不同类型或不同组别的机床具有不同的含义，所以，在介绍时可通过对典型机床的组、系代号编制情况进行举例介绍。

（4）国家标准《金属切削机床型号编制方法》（GB/T 15375—2008）是现行机床型号编制标准，也可让学生通过网络或机床手册进行查询。

（5）在机床型号中，较难理解的是特性代号部分。特性代号包括通用特性代号和结构特性代号，两者代表的意义有着本质区别，见表 4—1。当某类型机床（除普通型外）还有某种通用特性时，则在类代号之后加通用特性代号予以区分。

表 4—1　机床通用特性代号和结构特性代号的区别

特性代号	通用特性代号	结构特性代号
含义	它是指机床的某种通用特性，有统一的固定含义，它在各类机床型号中表示的含义相同。若同时具有 2 ~ 3 种通用特性时，一般按重要程度来排列先后顺序	为了区别主参数相同而结构、性能不同的机床，它没有统一的含义，只在同类机床中起区分机床结构、性能不同的作用

续表

特性代号	通用特性代号	结构特性代号
代号	仅有 G、M、Z、B、K、H、F、Q、C、J、R、X、S 共 13 个字母	单个字母仅有 A、D、E、L、N、P、T、U、V、W、Y 共 11 个；不够用时，可组合成 AD、AE、DA、EA 等
示例	如“M”表示精密、“K”表示数控	如沈阳产 CA6140 型车床型号中的结构特性代号“A”的含义是：床身宽，导轨淬火，床鞍和中滑板可快移
关系	当两者都存在时，结构特性代号应排在通用特性代号之后，并且通用特性代号已用的字母及字母“I”和“O”不可作为结构特性代号使用	

(6) 第二主参数是指最大跨距、最大工件长度、最大模数等。

(7) 机床的重大改进设计不同于完全的新设计，它是在原有的机床基础上进行改进设计，因此，重大改进后的产品应代替原来的产品。

(8) 专用机床型号的编制可通过举例讲解的方法做一般性介绍。

(9) 企业代号及其表示方法：MB 8240 表示最大回转直径为 400 mm 的半自动曲轴磨床。根据加工需要，经变换的第一种半自动曲轴磨床的型号为 MB 8240/1；变换的第二种形式的型号为 MB 8240/2，以此类推。

(10) 讲解时应以最新机床型号为主，再补充一些旧型号，并注意与新型号之间的主要区别。因为机床使用寿命较长，旧型号机床仍然随处可见。

3. 金属切削机床型号示例

（1）选取典型机床型号，先让学生判断是通用机床还是专用机床，再指导学生根据型号编制规律从左向右识读。识读过程中请学生注意大多数机床的型号中都有省略项（分类代号、通用特性、主轴数或第二主参数重大改进序号、其他特性代号等），举例时要讲清楚具体省略了哪些内容，如图 4—1 所示。

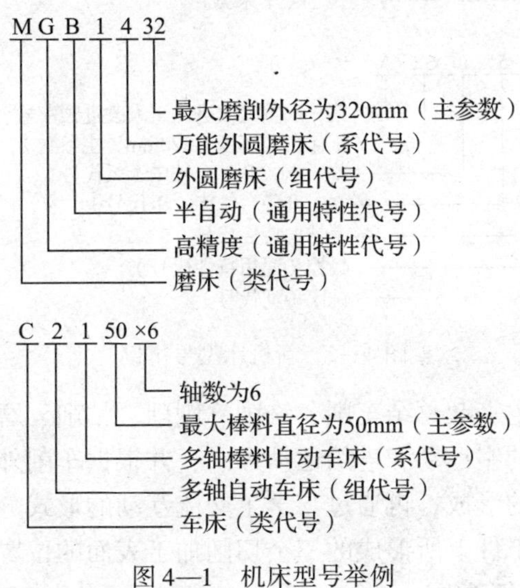

图 4—1　机床型号举例

（2）随着我国机床制造业的不断发展与创新，高精度、半自动、自动、数显、数控及加工中心等机床在企业中已获得相当广泛的应用。在本节中可适当增加一些比较先进机床的型号，以便开阔学生的视野，如图 4—2 所示。

（三）切削运动与切削用量

按照零件表面的成形规律介绍刀具与工件间的相对运动和切削用量等概念。

结合学生通过参观或观看视频资料所了解的切削加工内容，根据主运动和进给运动的概念，通过幻灯片播放的各种切削加工

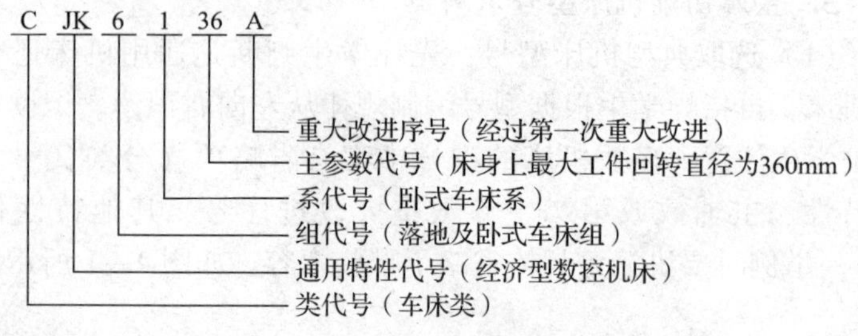

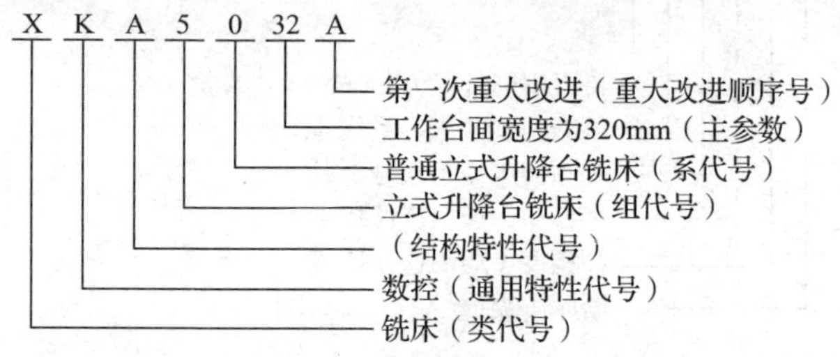

图 4—2　新机床型号举例

画面，与学生一起总结车削、铣削、刨削、钻削、磨削等常见切削加工方法的主运动和进给运动形式，并根据车削外圆的情况讲解切削表面的形成，再通过与学生交流互动的形式分析总结不同切削方法在工件上所形成的三个切削加工表面的位置。

1. 切削运动

（1）零件表面的形成

在讲切削运动前，先讲零件表面的形成，让学生明确切削加工中发生线是由刀具的切削刃与工件间的相对运动得到的，而刀具和工件之间的相对运动都是由机床来提供。

（2）机床的运动

1）工作运动。让学生明确工作运动是机床为实现加工所必需的加工工具与工件间的相对运动，包括主运动和进给运动。

①主运动。教师详细讲解主运动的特点，让学生明确主运动是由机床或人力提供的主要运动，它促使刀具和工件之间产生相

对运动，从而使刀具前面接近工件。主运动是切除工件表面多余材料所需要的最基本运动，在切削运动中形成机床切削速度，消耗主要动力。主运动可以是旋转运动，也可以是直线运动。教师可根据教材图4—3，逐一讲解车削、钻削、铣削、磨削和刨削的主运动。

②进给运动。教师详细讲解进给运动的特点，让学生明确进给运动也是由机床或人力提供的运动，它使刀具和工件之间产生附加的相对运动，使主运动能够继续切除工件上多余的材料，以便形成所需几何特性的已加工表面；进给运动可以是连续的，如车削外圆时车刀平行于工件轴线的纵向运动，也可以是步进的，如刨削时工件的横向移动等；在切削中可以有一个或多个进给运动，也可以不存在进给运动。教师可根据教材图4—3，逐一讲解车削、钻削、铣削、磨削和刨削的进给运动。

2）辅助运动。教师让学生明确机床在切削加工过程中还需一系列的辅助运动，其功能是实现机床的各种辅助动作，为表面成形运动创造条件。它的种类很多，如进给运动前后的快进和快退，调整刀具和工件之间正确相对位置的调位运动、切入运动、分度运动，工件夹紧、松开等操纵控制运动。

（3）工件表面的形成

教师引领学生分析车外圆时工件上形成的三个表面（见教材图4—4），明确未加工表面、过渡表面、已加工表面的概念和位置。

2. 切削用量及其选用原则

先通过视频资料让学生对粗车外圆和精车外圆的切削用量变化有一个感性的认识及对比，再根据车削外圆的示意图给出切削用量三要素（切削速度、进给量和背吃刀量）的定义，推导出切削速度公式，并在讲清楚切削用量选择基本原则的基础上，结合教材表4—3讲解粗加工、精加工条件下具体的选择原则。

切削用量的选择顺序和总体原则如图4—3所示。

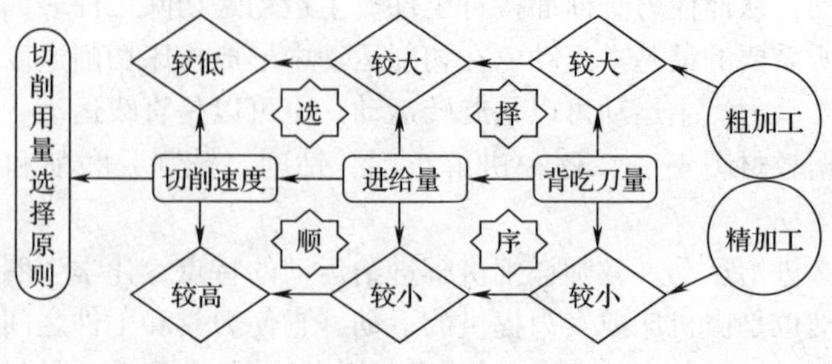

图 4—3　切削用量的选择顺序和总体原则

（1）切削用量

教师详细讲解切削用量所包含的要素，让学生明确要完成切削加工三者缺一不可，并结合教材图 4—5 讲解车削外圆时的切削速度、进给量和背吃刀量。

1）切削速度 v_c。切削速度是指切削刃上选定点相对于工件主运动的瞬时速度，单位为 m/min 或 m/s。当主运动是旋转运动时，切削速度是指圆周运动的最大线速度，即：

$$v_c = \frac{\pi dn}{1\ 000} \quad 或 \quad v_c = \frac{\pi dn}{60 \times 1\ 000}$$

当主运动为往复直线运动时，则其平均切削速度为：

$$v_c = \frac{2L_m n_r}{1\ 000} \quad 或 \quad v_c = \frac{2L_m n_r}{60 \times 1\ 000}$$

让学生明确公式中每个符号的含义及其取值单位，并能运用公式计算不同切削情况下的切削速度。

2）进给量 f。进给量是指刀具在进给运动方向上相对工件的位移量，可用刀具或工件每转或每行程的位移量来表述和度量。

车削外圆时的进给量为工件每转一周刀具沿进给运动方向所移动的距离，单位为 mm/r；刨削时的进给量为工具（或工件）每往复一次，工件（或刀具）沿进给运动方向所移动的距离，单位为 mm/str（毫米/往复行程）；对于多刃刀具（如铣刀）还有每齿进给量，即多齿刀具每转或每行程中每齿相对工件在进给运动方向上的位移量，单位为 mm/z。

3）背吃刀量 a_p。刀具切入工件时，工件上已加工表面与待加工表面之间的垂直距离称为背吃刀量，单位为 mm。

（2）切削用量的选择

讲解切削用量的选择原则时，应明确选择原则有两个方面，即合理选择切削用量的目的和选择切削用量的顺序。

1）所谓合理选择切削用量，是指在刀具角度选好以后，合理确定背吃刀量、进给量和切削速度进行切削加工，以充分发挥机床和刀具的效能，提高劳动生产效率。

2）合理的切削用量应能满足以下几点基本要求：

①保证安全，不至于发生人身事故或损坏机床、刀具等事故。

②保证工件已加工表面的尺寸、表面粗糙度等技术要求。

③在满足以上两项要求的前提下，要充分发挥机床的潜力和刀具的切削性能，尽可能选用较大的切削用量，使基本时间最少，生产效率最高，成本最低。

④不允许超过机床功率，在工艺系统刚度条件下，不能产生过大的变形和振动。

3）在实际生产中，由于情况多种多样，因此必须从实际出发，对具体情况做具体分析，抓住主要矛盾，经过调查研究和实践，向有经验的工人师傅虚心学习，才能定出比较合理的切削用量。

4）采用对比法或反证法来选择切削用量。

（四）切削刀具

1. 切削刀具的分类

教师通过多媒体课件或实物展示不同的刀具，并引导学生了解切削刀具的分类方法及常用刀具的类型。

2．切削刀具的组成

（1）刀具的结构

以普通外圆车刀为例，利用车刀模型并结合挂图、幻灯片或动画讲解刀具上的几何关系，依据定义使学生能一一指认刀柄以及前面、主后面、副后面、主切削刃、副切削刃、刀尖。以 75° 车刀为典型车刀讲解车刀的组成，重点是车刀切削部分的结构，按图 4—4 所示进行总结并板书。

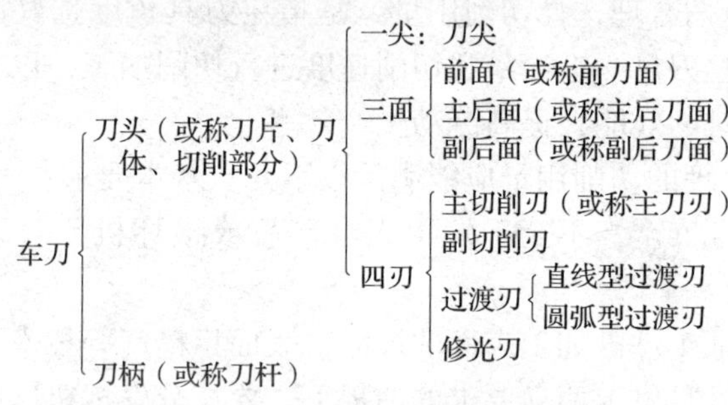

图 4—4　车刀的结构

（2）刀具的角度

在学生掌握刀具结构的基础上，教师再逐一讲解刀具各个角度的定义。讲解角度定义时应注意利用多媒体课件先讲清楚用来辅助定义角度的三个假想平面：基面、正交平面和主切削平面，再利用模型和多媒体课件讲清楚教材中所介绍的五个基本角度。该知识点较难理解，教师可用实物、挂图或自制的模型等教具以及多媒体等教学手段形象讲解，用直观教学手段突破此难点，以加深学生的理解。

1）基面的特征

①通过主（副）切削刃上的某选定点，即主切削刃和副切削刃的基面是同一个。

②垂直于该点主运动方向的平面。

③对于车削，一般可认为基面是水平面，可理解为平行于车

刀底面的平面。

④垂直于切削平面的平面。

2）切削平面的特征

①通过主切削刃上某选定点，与主切削刃相切并垂直于基面的平面为主切削平面。切削平面一般是指主切削平面。

②通过副切削刃上某选定点，与副切削刃相切并垂直于基面的平面为副切削平面。

③对于车削，一般可认为切削平面是铅垂面。

3）正交平面的特征

①通过主切削刃上某选定点，并同时垂直于基面和切削平面的平面，简称主正交平面；也可以认为，主正交平面是指通过主切削刃上的某选定点，垂直于主切削刃在基面上投影的平面。正交平面一般是指主正交平面。

②通过副切削刃上某选定点，并同时垂直于基面和切削平面的平面，简称副正交平面；也可以认为，副正交平面是指通过副切削刃上的某选定点，垂直于副切削刃在基面上投影的平面。

③对于车削，一般可认为正交平面是铅垂面。

4）刀具切削部分的主要角度。讲解时沿着图4—5所示的三条路线逐渐完成车刀切削部分的几何要素和主要角度的讲解。

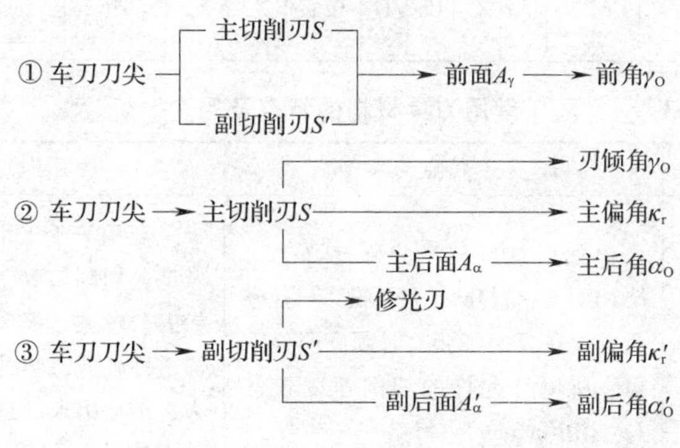

图4—5 刀具切削部分的主要角度

3. 切削刀具材料及其选用

该知识点是本章的一个重点内容，学生要了解刀具材料应具备的基本性能，并掌握常用刀具材料的种类及选用。

（1）刀具材料应具备的基本性能

首先，让学生明确刀具材料是指刀具切削部分的材料。金属切削时，刀具切削部分直接和工件及切屑相接触，承受着很大的切削压力和冲击，并受到工件及切屑的剧烈摩擦，产生很高的切削温度，这也就是说刀具切削部分是在高温、高压及剧烈摩擦的恶劣条件下工作的。

其次，详细讲解刀具材料应具备的各种性能。刀具材料应该具备高硬度、高耐磨性、高热硬性，良好的化学稳定性，足够的强度与韧性，良好的热塑性、磨削加工性、焊接性及工艺性等。

（2）常用刀具材料的种类及选用

讲解常用刀具材料前，先引导学生复习车刀材料中常用的化学元素符号和分子式，见表4—2；再详细讲解每种常用刀具材料的特点及用途，见表4—3。

表4—2　　车刀材料中常用的化学元素符号和分子式

名称	钨	铬	钒	钼	碳	钴	钛	钽	铌	碳化钨	碳化钛	碳化钽	碳化铌
元素符号和分子式	W	Cr	V	Mo	C	Co	Ti	Ta	Nb	WC	TiC	TaC	NbC

表4—3　　常用刀具材料的特点及用途

刀具材料	特点	用途
碳素工具钢	淬火后具有较高的硬度（60～65HRC），易打磨，价格低，但热硬性差，在200～250℃时硬度明显下降，所以它允许的切削速度较低（v_c <10 m/min）	主要用于手工用切削刀具及低速切削刀具，如手工用铰刀、丝锥、板牙等。因其淬透性较差，热处理时变形大，不宜用来制造形状复杂的刀具

续表

刀具材料	特点	用途
合金工具钢	与碳素工具钢相比，合金工具钢具有更高的热硬性和韧性，其热硬性温度约为300～350℃，故允许的切削速度比碳素工具钢高10%～14%，它的淬透性较好，热处理变形小	多用来制造形状比较复杂、要求淬火后变形小且切削速度低的机用刀具，如铰刀、拉刀等
高速钢	一种含有W（钨）、Mo（钼）、Cr（铬）、V（钒）等合金元素较多的合金工具钢。它是综合性能较好的一种刀具材料，可以承受较大的切削力和冲击力，具有热处理变形小、能锻造、易磨出较锋利的刃口等优点	主要用于制造切削速度较高的精加工切削刀具和各种复杂形状的切削刀具，如车刀、铣刀、各种钻头、齿轮刀具等
硬质合金	具有硬度高、熔点高、化学稳定性好和热稳定性好等特点，切削效率是高速钢刀具的5～10倍，但韧性差、脆性大，承受冲击和振动的能力低	主要用于制造高速切削和具有高耐磨性的切削刀具，如麻花钻、车刀、铣刀等，用于各种金属零件的半精加工和精加工等
陶瓷材料	具有很高的硬度、耐磨性和耐热性，切屑与刀具的前面黏性弱，但抗弯强度和冲击韧性差	用于制作各种刀片，加工冷硬铸铁、高硬钢、高强度钢及难加工材料的半精加工和精加工
立方氮化硼	人工合成的高硬度材料，硬度仅次于金刚石，耐磨性好，耐热性和化学稳定性都高于金刚石，能承受很高的切削温度	既可制成整体刀片，也可与硬质合金复合制成复合刀片，用于淬硬钢、耐磨铸铁、高温合金等难加工材料的半精加工和精加工，使用时要求机床刚度好，主要用于连续切削

续表

刀具材料	特点	用途
人造金刚石	硬度仅次于天然金刚石，耐磨性极好，但韧性和抗弯强度低，热稳定性差	主要用于制作各种车刀、镗刀、铣刀等，不但可以加工高硬度的硬质合金、陶瓷、玻璃、合成纤维和强化塑料等材料，还可以加工非铁金属及其合金

（五）切削力与切削温度

1. 切削力

（1）播放车削外圆的视频，指导学生观察车刀车削工件被切金属层逐渐变成切屑的过程，导入切削过程中另一个重要的物理现象——切削力的内容。

（2）切削力的分解知识可沿着以下步骤讲解：

$$\text{切削力}\begin{cases}\text{切削力 } F_c \\ \text{法向力 } F_D\begin{cases}\text{背向力 } F_p \\ \text{进给力 } F_f\end{cases}\end{cases}$$

（3）切削力与切削抗力：切削力作用在工件上，切削抗力作用在刀具上。

（4）在外圆车削中，切削力、背向力和进给力习惯上又称为垂直切削分力、径向切削分力和轴向切削分力。

（5）切削力及其切削分力的概念较难理解，如果通过切削力的实用意义来讲解，则效果较好。

1）提出第一个问题：如果车刀刀柄是橡胶材料，车削时刀柄会出现什么现象？

学生会明显看出切屑会把车刀垂直于地面向下压，刀片受压的同时橡胶的刀柄会向下弯曲，车刀刀柄伸出越长，弯曲越明显，这个力就是切削力 F_c，如图4—6所示。

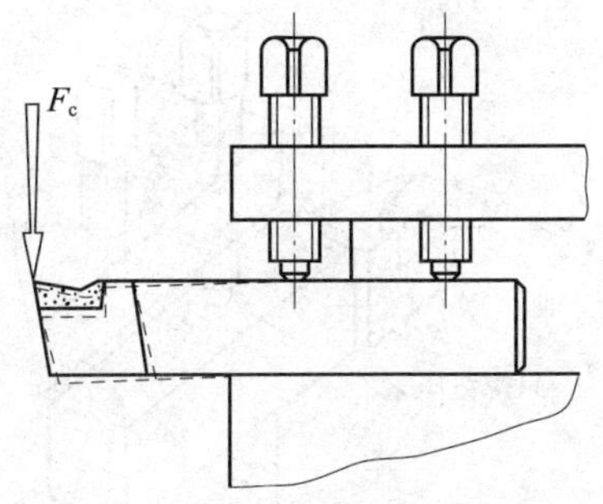

图 4—6　切削力 F_c 使刀柄弯曲

2）再提出第二个问题：如果车刀的紧固螺钉没有压紧，车削时的刀柄会出现什么现象？

学生会清晰地看到，没有压紧的刀柄会后退，无法接触工件。这个使车刀向后退的力就是背向力 F_p，如图 4—7 所示。

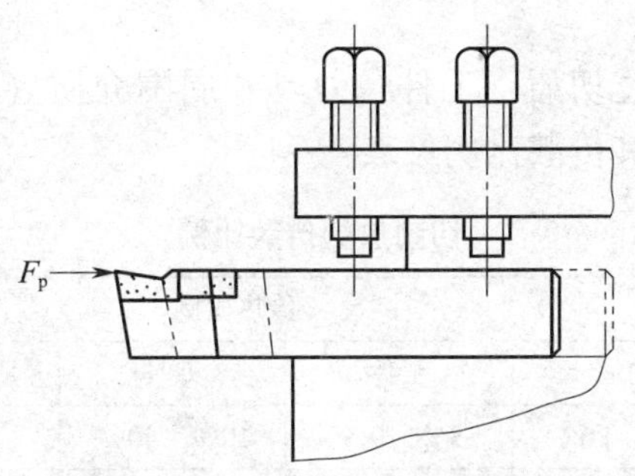

图 4—7　背向力 F_p 使刀柄后退

3）最后提出第三个问题：如果车刀最前面的紧固螺钉没有压紧，即只有后面一个螺钉压紧刀柄，车削时刀柄会出现什么现象？

学生会清晰地看到，车刀刀柄在水平面内转动，这个力就是进给力 F_f，如图 4—8 所示。

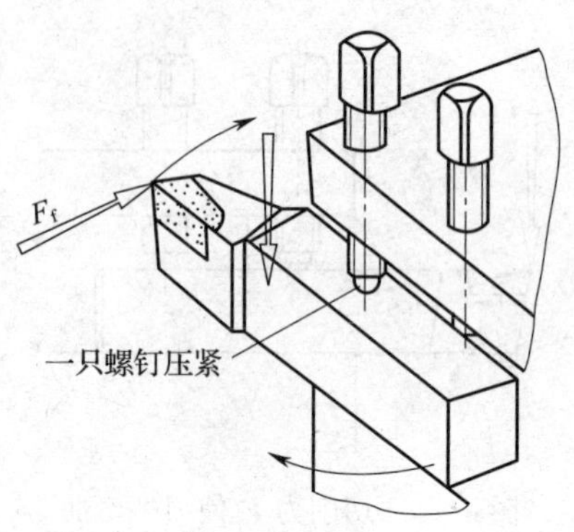

图 4—8　进给力 F_f 使刀柄转动

2. 切削温度

切削温度对切削加工的影响很大，切削温度过高会导致刀具材料软化，硬度降低，从而使切削性能下降，磨损加剧，缩短刀具寿命。此外，会因工件受热膨胀伸长而引起加工变形，影响加工精度。

切削热通过切屑、工件、刀具和周围介质（如空气或切削液等）传散，其传散比例见表 4—4。

表 4—4　　　　切削热的传散比例

加工方法	传热比例			
	切屑	工件	刀具	介质（空气或切削液）
干车削钢件	50% ~86%	3% ~9%	10% ~40%	1%
钻削	30% ~28%	20% ~14%	55% ~52%	0. 5% ~3%

（六）切削液

1. 教学的目的是让学生了解切削液的作用和分类，使学生具备选用切削液的能力。

2. 由于学生尚缺少相关的工艺知识和金属材料等方面的专业基础知识，关于切削液选用的讲解是一个难点。建议在讲解时做必要的补充，以方便学生理解。

3. 教学思路：播放暂不加切削液的车槽视频→切削热的传散（表4—4）→图4—9所示车刀前面上的切削温度分布→切削液浇注的区域→切削液的作用→切削液的种类→切削液的选用→使用切削液的注意事项。

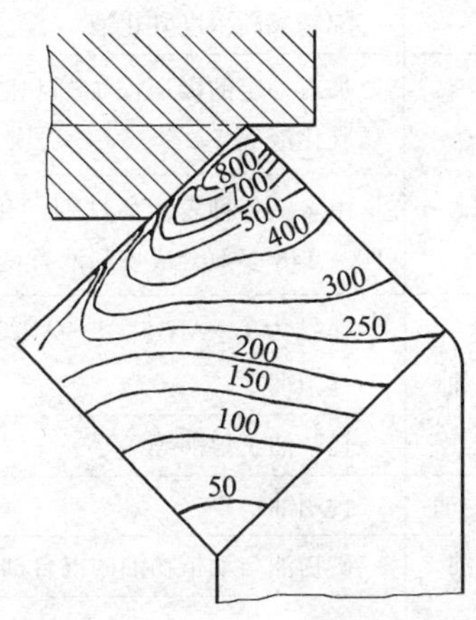

图4—9 车刀前面上的切削温度分布

在播放暂不加切削液的车槽视频时，解说：在切削过程中除了会产生金属变形、切削力、刀具磨损等物理现象外，还会产生另一个最常见的物理现象——切削热。

4. 在讲解切削液的冷却、润滑、清洗、防锈四个作用时，可以采用反证法来讲解，即如果不使用切削液，在切削热、摩擦力以及排屑对刀具和工件加工质量的影响下，车削能否顺利进行？这样的分析和描述会加强学生对切削液重要性的认识。

5. 讲解表4—5时，可以采用切削液的种类→成分→性能→作用→用途的讲解步骤，学生较好理解。在介绍种类和性能的基础上，重点是对选用的介绍。

6. 对切削液的成分及其性能也要介绍，使学生“知其所以然”，反而对切削液的选用有很大的帮助，见表4—5。

表 4—5　　　　　　　　各种切削液的成分

<table>
<tr><th colspan="3">种类</th><th>成分</th></tr>
<tr><td rowspan="5">水溶性切削液</td><td colspan="2">水溶液</td><td>以软水为主，加入防锈剂、防霉剂，有的还加入油性添加剂、表面活性剂，以增强润滑性</td></tr>
<tr><td colspan="2" rowspan="2">乳化液</td><td>配制成 3% ~5% 的低浓度乳化液</td></tr>
<tr><td>配制成高浓度乳化液</td></tr>
<tr><td colspan="2" rowspan="2">合成切削液</td><td>加入一定的极压添加剂和防锈添加剂，配制成极压乳化液等</td></tr>
<tr><td>由水、各种表面活性剂和化学添加剂组成。国产 DX—148 多效合成切削液有良好的使用效果</td></tr>
<tr><td rowspan="5">油溶性切削液</td><td rowspan="4">切削油</td><td rowspan="2">矿物油</td><td>牌号为 L—AN15、L—AN22、L—AN32 的全损耗系统用油</td></tr>
<tr><td>轻柴油、煤油等</td></tr>
<tr><td>动植物油</td><td>食用油</td></tr>
<tr><td>混合油</td><td>矿物油与动植物油的混合油</td></tr>
<tr><td colspan="2">极压切削油</td><td>在矿物油中添加氯、硫、磷等极压添加剂和防锈添加剂配制而成。常用的有氯化切削油、硫化切削油</td></tr>
</table>

（七）加工精度和加工表面质量

1. 加工精度

（1）用典型工件（如台阶轴的毛坯、半成品和成品）分别代表工件的低、中、高三种不同的加工精度，用比较法讲解工件的加工精度会起到较好的教学效果。

（2）若采用常规呆板的照本宣科方法，由于概念较多、理论性较强，会使教师的讲解晦涩难懂，使教学效果大打折扣。

（3）提醒教师注意：零件的加工精度包括尺寸精度和几何公差两个方面。几何公差是个新术语，包括形状公差、方向公差、位置公差和跳动公差四个方面。旧国家标准所谓的形位公差已被新标准（GB/T 1182—2008）的几何公差替代，可查阅该标准。

2. 加工表面质量

(1) 可用钻孔、车孔和磨孔后的典型工件（如衬套）分别代表工件的粗、中、细三种不同的加工表面质量，用比较法讲解工件的加工表面质量。

(2) 提醒教师注意：表面粗糙度旧国家标准已被新标准（GB/T 1031—2009）替代，可查阅该标准。

五、补充资料

1. 正交平面参考系

教材中标注刀具角度所用的参考系称为刀具静止参考系，是设计刀具时标注、刃磨和测量的基准，用此定义的刀具角度称为刀具标注角度。在实际工作中还存在另一参考系——刀具工作角度参考系，它是确定刀具切削工作时角度的基准，用此定义的刀具角度称为刀具工作角度。

在静止参考系中，最常用的就是本教材采用的正交平面参考系。

2. 切削运动和切削用量

(1) 切削运动

主运动可以由工件或刀具完成，其形式可以是直线运动或旋转运动。进给运动是不断地把被切削层投入切削，以逐渐切削出整个切削表面的运动。也就是说，没有进给运动，就不能连续切削。进给运动一般速度较低，消耗的功率较少，可由一个或多个运动组成。

(2) 切削用量

选择切削用量时应考虑的主要因素有刀具和工件的材料、工件的加工精度和表面粗糙度、刀具寿命、机床功率、机床系统的刚度以及断屑和排屑条件等。最早研究切削用量的是美国人弗雷德里克·温斯洛·泰勒，他从 1880 年开始对单刃刀具的切削进行了26年的科学试验，总结出切削用量与刀具寿命、机床功率和切削液等因素相互影响的规律，从而推动了当时机床和刀具技术的重大改革。此后，不少国家在试验研究和生产实践中积累的典型切削数据大多汇编成册，供操作人员查阅和参考；或把大量这类数据存储在电子计算机切削数据库中，用来随时为用户提供切削用量方面的服务。

与某一工序的切削用量有密切关系的刀具寿命一般分为该工序单件成本最低经济寿命和最大生产率寿命两类。按前者选择的切削用量称为最低成本切削用量，这是通常使用的；按后者选择的切削用量称为最大生产率切削用量，一般在生产任务紧迫时使用。

具体选择时可以车削为例。粗车的目的是尽快地从毛坯上切去大部分的加工余量，使工件接近要求的形状和尺寸。使用高速钢车刀进行粗车的切削用量推荐如下：背吃刀量为0.8～1.5 mm，进给量为0.2～0.3 mm/r，切削速度为30～50 m/min（切削钢件）。

粗车铸件、锻件毛坯时，因工件表面有硬皮，为保护刀尖，应先车端面或倒角，第一次背吃刀量应大于硬皮厚度。若工件夹持的长度较短或表面凹凸不平，切削用量则不宜过大。粗车应留有0.5～1 mm作为精车余量。粗车后的精度为IT14～IT11级，表面粗糙度值一般为Ra12.5～6.3 μm。

一般精车的精度为IT8～IT7级，表面粗糙度值为Ra3.2～0.8 μm。切削用量应选用较小的进给量（0.05～0.2 mm/r），切削速度可取大些。精车的另一个突出的问题是保证加工表面的表面粗糙度的要求。为减小表面粗糙度值，在选用切削用量时应选用较小的背吃刀量和进给量，这样可有效减小残留面积。

3. 切削液的添加剂

为了改善润滑剂的性能，加进润滑剂中的某些物质称为添加剂。添加剂是高级切削液的精髓，种类很多，有极压添加剂、油性剂、黏度指数改进剂、抗蚀添加剂、消泡添加剂、降凝剂、防锈剂等。使用添加剂是现代改善润滑性能的重要手段，其品种和质量发展都很快。

在重载接触副中常用的极压添加剂能在高温下分解出活性元素，与金属表面起化学反应后生成一种低剪切强度的金属化合物薄层，以增进抗黏着能力，提高润滑膜经受温度、压力的能力。

极压添加剂有磷化物、硫化物、氯化物等。油性添加剂也称边界润滑添加剂，由极性很强的分子组成，在常温下也能吸附在金属表面形成边界膜。油性添加剂主要有脂肪油、油酸、硬脂酸等。

4. 加工精度

(1) 在实际生产中任何一种加工方法都不可能，从使用角度上也没有必要将零件加工到绝对准确，只是要求能保证零件在机器中的性能要求即可。这是加工精度概念形成的基础。

(2) 零件的加工精度包括尺寸精度和几何公差两个方面。几何公差是个新术语，包括形状公差、方向公差、位置公差和跳动公差四个方面。

(3) 尺寸精度和几何公差既有区别又有联系。没有一定的几何公差，就谈不上尺寸精度。例如，不圆的圆形表面就没有确定的直径；不平的表面之间就不能测量出准确的平行度或垂直度。一般情况下，零件表面的形状公差应高于其尺寸精度；位置公差和跳动公差在大多数情形下也应高于相应的尺寸精度。

(4) 加工精度与加工误差。零件加工后的实际几何参数(尺寸、形状和位置)对理想几何参数的偏离程度称为加工误差。加工精度与加工误差是两个不同的概念，它们是从两个不同的角度对零件几何参数进行评定的。但它们两者之间关系密切，零件加工精度的高低是通过加工误差的大小来反映和评定的。一般来说，加工误差越大，则加工精度越低。所谓保证和提高零件的加工精度，实质上就是在加工过程中限制和减小零件的加工误差。

（5）精度等级与公差标准。世界各国和国际上都规定或采用了相应评定零件几何参数的加工精度等级及各等级具体的尺寸、几何公差值。只要零件的加工误差被控制在规定精度等级的公差范围内，就能保证零件的精度要求。

5. 加工表面质量

（1）零件是以其表面与其他零件表面实现配合要求或完成相对运动要求的，因此，零件的加工表面质量对零件的使用性能有着极其重要的影响。

（2）冷作硬化是工件表面层材料在加工过程中产生塑性变形，使晶体间产生剪切滑移，晶格严重扭曲，晶粒被拉长、破碎和纤维化，引起材料强化的现象。冷作硬化现象使表面层材料的强度和硬度提高，因此能提高零件的耐磨性和疲劳强度，但过度的冷作硬化会引起工件表面层的脆硬，产生裂纹和剥落，使磨损加剧，耐磨性下降。

（3）表面层的残余应力导致表面层与基体材料的交界处产生互相平衡的弹性应力。一般由切削力作用产生冷塑性变形引起的表面层残余应力称为压应力；由切削热作用产生热塑性变形引起的表面层残余应力称为拉应力；由切削（主要是磨削）热引起的金相组织变化，表面层材料体积膨胀时，残余应力为压应力，表面层材料体积缩小时，残余应力为拉应力。残余压应力可延缓疲劳裂纹的扩展，提高零件的疲劳强度；残余拉应力则促使疲劳裂纹的扩展，降低零件的疲劳强度。

（4）表面层材料金相组织发生变化主要是磨削热所引起的。金相组织的变化除了会产生表面残余应力外，还容易发生表面烧伤变色。

第五章　钳　加　工

一、教学目标

1．了解钳工的特点和基本操作内容，熟悉钳加工的常用设备。

2．了解划线的基本概念和作用，熟悉常用划线工具的应用，掌握划线基准的选择、找正和借料方法，以及划线操作步骤和要点。

3．了解錾削工具的结构及应用，掌握錾削几何角度对錾削的影响，熟悉錾削方法及工艺。

4．了解锯削工具的结构及特点，掌握锯条的粗细规格及选用，熟悉锯削工艺及操作要点。

5．了解锉刀的种类、规格及选用，掌握锉削方法及工艺。

6．了解标准麻花钻的结构和特点，熟悉麻花钻各几何角度要求及对切削性能的影响，掌握钻孔切削用量的选择、钻孔方法和加工工艺。

7．了解扩孔和锪孔刀具的结构、特点，以及加工工艺和要求。

8．了解铰刀的种类、特点及应用，掌握铰孔方法和加工工艺。

9．了解丝锥、板牙的结构及应用，掌握攻螺纹、套螺纹的有关工艺计算及加工工艺。

10．了解刮削的特点及应用，掌握刮削工艺及刮削质量的检查方法和要求。

11．了解研磨的特点及应用，熟悉研具材料的基本要求，掌握磨料的种类、应用及研磨工艺。

12. 了解常用抛光磨具的特点及应用，掌握机械抛光的方法和工艺，了解其他抛光方法及特点。

二、教学重点与难点

1. 教学重点

钳工基本操作项目繁多，根据实际生产的需要及各工种之间的关系，本章的教学重点是划线方法及孔与螺纹的加工。

2. 教学难点

由于标准麻花钻的结构复杂，学生空间想象能力较差，故本章的最大教学难点是标准麻花钻的几何角度。

三、学时分配表

教学内容	建议学时
§5—1　概述	2
§5—2　划线	2
§5—3　錾削与锯削	2
§5—4　锉削	3
§5—5　孔与螺纹加工	6
§5—6　刮削、研磨与抛光	3

四、教学设计与建议

（一）概述

本节是该章的开篇，应以如何培养学生的学习兴趣为出发点。首先通过机械制造过程的实例，引出了机械制造业中的重要工种之一——钳工。对钳工的概念、地位、特点、任务、工作内容及我国《国家职业标准》对钳工的划分等相关内容进行简要介绍。然后重点阐述钳工的工作场地和安全文明生产知识。其目的是使学生明确钳工的性质与任务，对钳工有一个初步的认识。

由于学生普遍缺乏对钳工的感性认识，因此，在教学实施过程中最好结合现场参观来完成教学。

1．组织实地参观

安排1学时的工作场地参观学习，给学生提出观察要求及思考题，如：钳工的工作场地一般配置了哪些设备？钳工有哪些主要工作？钳工有什么特点？重点熟悉和了解钳工的工作场地、常用设备、生产及技能训练情况，目的是为后续章节的教学奠定基础。

2．课堂教学

根据参观情况，进行1学时的总结性教学。重点解决和注意以下五个问题：

（1）本章设置的目的是使学生熟悉和掌握钳工相关的工艺基础理论知识。教师要引领学生浏览教材中本章和第十三章的目录，简要介绍钳工部分的主要学习内容，使学生对所要学习的知识有一个概括的了解。

（2）钳工是使用钳工工具或设备，以手工操作为主，主要从事工件的划线与加工、机器的装配与调试、设备的安装与维修以及工具的制造与修理等工作的一个职业（工种）。

（3）根据工作特点与分工不同，钳工划分为装配钳工、机修钳工和工具钳工等三类。

（4）结合生产或教学实例，介绍钳工与其他专业（工种）的关系，同时强调安全文明生产的重要性和必要性，强化学生的安全文明生产意识。

（5）教学时要结合我国当前机械制造业的现状和发展方向，引导学生树立正确的人才观和价值观，加深对钳工职业在机械制造业中重要地位的认识，激发学生学习的积极性和自觉性，并使学生明白，注重和坚持理论联系实际，善于观察、勤于思考是学好知识的重要环节。

（二）划线

划线是钳工基本操作之一，零件（单件小批量或试制）在加工前，一般都需要进行划线。本节从划线的概念、作用、划线基准的选择、划线前的准备、常用划线工具的使用、划线时的找正和借料以及划线方法和步骤等方面，按顺序对划线知识做了详细的介绍。其中，划线基准的选择、划线时的找正和借料以及划线方法和步骤是本节教学的重点。在讲解过程中，要注重运用实物演示开展教学（或视频教学），要特别把划线工具的使用、划线基准的选择、找正与借料的方法通过图例、演示等方式讲透彻，同时应注意结合生产中的实例，帮助学生加深对划线的认识。

1. 划线概述

利用学生在机械制图课中已掌握的绘图知识，结合教材图例说明平面划线和立体划线的含义及相互关系。对划线的作用，教学时可只进行简要的论述性讲解，待本节教学结束，学生对划线有了较为理性的认识后再进行回顾与总结。

2. 划线基准的选择

教学时，应注意讲清基准的含义，基准就是“参照物”的意思，划线基准也就是划线时作为“参照”的点、线、面，它们是划线的起始位置。

划线基准的选择对学生来讲有一定的难度。教师在利用教材图例和挂图对划线基准的三种类型及选择给予详细讲解后，可安排学生对事先准备的一些较为典型的简单图例进行讨论和分析，以加深他们对划线基准选择的理解和掌握。

3. 划线时的找正和借料

找正和借料的含义较为抽象，学生不易理解。教师可利用事先准备好的一些典型工件（有误差或缺陷）配合进行教学。该部分的重点是解决如何进行找正与借料的问题，应在明确找正原则和借料步骤的基础上，详细分析讲解教材实例（教材图 5—10、教材图 5—11），让学生对划线的全过程有一个总体的认识与了解。

同时也要进一步强调在实际生产中，找正与借料往往都是同时进行的。

4. 划线的方法和步骤

该内容是本节的重中之重，在讲解划线工艺时，有条件的学校可结合实训或多媒体视频进行讲授。其方法有两种，一种是先列出划线步骤，再按所列出的划线步骤指导实训；另一种是先示范演示实训课题（边示范边讲解），后总结划线步骤。

（三）錾削与锯削

錾削、锯削和锉削被称为钳工操作的三大基本功。錾削和锯削属于粗加工的范畴，本节主要介绍了錾削和锯削所用工具或刀具的结构种类、切削部分的几何角度、正确选用方法以及操作特点等内容。本节内容实践性很强，建议教师在教学过程中结合实物或图片注重利用“肢体性语言、形象化动作”进行示范演示，以提高教学效果。

1. 錾削

随着机械制造业的飞速发展，机械加工方法的普及，錾削平面、錾削油槽等操作已不常用，但是该操作仍是机械制造类专业学生金工实习的规定内容之一。通过錾削操作的锻炼，能够提高敲击的力度和准确性，为机械设备的装拆或其他敲击性工作（日常生活中也经常用到）打下扎实的基础，同时也能够锻炼学生的意志。教学时应充分利用实物及教材中的图片、图示等，重点分析讲述以下几点：

（1）錾削工具的结构特点

讲解时，可通过设疑、反问等方法加强与学生的互动，吸引学生的注意力和学习兴趣，如錾子头部顶端和锤子的锤击面为什么略带球形？锤柄为什么用硬而不脆的木材制成？锤柄截面为什么是椭圆形且前端较细？

（2）錾削角度对錾削质量及效率的影响

錾削不同的材料时应选用不同的錾子楔角。在讲解錾子楔角的作用时，可以用生活中的实例来说明楔角对刀具的影响，帮助学生加深对楔角的理解。例如：菜刀刃口薄，楔角很小，非常锋利，但是强度低，用来切硬物时，刃口易崩损；斧子刃口厚，楔角大，虽不锋利，但强度高，能砍硬物。

（3）錾削操作方法

可通过示范演示或多媒体视频增强学生的直观理解。

2. 锯削

锯削的特点是操作方便、简单、灵活，主要用来锯掉工件上的多余部分、在工件上锯槽、分割材料或半成品等。锯削是一种粗加工，所能达到的几何精度及尺寸精度一般在 0.5 mm 内。教学时要讲清以下几点：

（1）锯条分齿的含义及作用。

（2）锯条的规格（参见补充资料）、标记及合理选用。

（3）锯削的操作要点：工件夹好，姿势正确，锯齿朝前，不要装反，松紧适当，起锯正确，收锯稳妥，压力与速度适当，避免工件落下伤脚。

锯削操作中，在锯削材料、锯条质量相同的情况下，影响锯条寿命的因素主要是锯削速度。推锯速度快，锯条产生大量的摩擦热，锯齿磨损加剧。锯削速度一般在每分钟 40 次左右是较理想的。在实际应用中，学生的锯削速度普遍过快，这一点应向学生讲明。

起锯与收锯是保证锯削质量的重要环节，要阐明正确起锯和收锯的重要性。

（四）锉削

锉削的特点是应用范围较广，它是钳工最主要的基本操作项目，可用于工件的内、外表面，孔、槽以及其他形状复杂表面的加工，在机械装配、维修及工具、模具制造中得到广泛应用，但其加工效率低、劳动强度大。

1. 锉刀的组成

讲解时可先展示锉刀实物，结合教材中的图片讲解锉刀的组成及各部分的作用。锉刀齿纹有单齿纹和双齿纹两种，如图5—1所示。常用的双齿纹锉刀由主锉纹和辅锉纹构成。

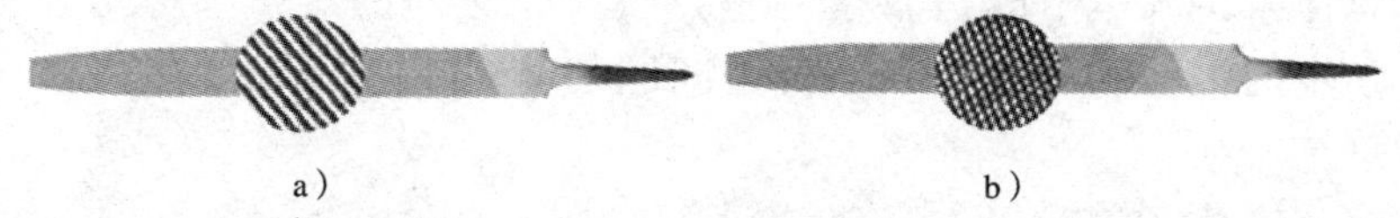

a）　　　　b）

图5—1　锉的齿纹

a）单齿纹　b）双齿纹

主、辅锉纹不同的角度，使形成的锉齿沿锉刀中心方向形成倾斜和有规律的排列，使锉痕交错而不重叠（可利用电影院座椅的布置或拍集体照片时的站位加以说明），使锉削后的平面比较光滑。双齿纹锉刀切屑是碎断的，故锉削硬材料较省力；单齿纹锉刀适用于锉削软材料。

2. 锉刀的种类和规格

该部分的主要教学任务是在明确锉刀的种类、应用和规格的前提下，以常用的钳工锉为主，让学生掌握锉刀的选用方法。

（1）锉刀粗细的选择，取决于工件的加工精度、加工余量、表面粗糙度和工件材料的性质。

（2）锉刀断面形状的选择，取决于加工表面的形状，也就是断面形状要与加工面形状相适应。

（3）锉刀长度规格的选择，取决于工件加工面的大小和加工余量的大小。加工面积与加工余量大时，宜选用较长的；反之，宜选用较短的。

3. 锉削操作方法及要点

教师可结合教材中的图片讲解正确的操作姿势、动作及锉削速度的选择。这些对锉削质量、锉削效率、锉刀寿命及锉削力的运用和发挥等都带来不同的影响。教师应简要介绍平面锉削方法

(参见补充资料)。

(五) 孔与螺纹加工

孔与螺纹加工是钳工常用的一项重要操作。本节主要介绍了孔与螺纹加工刀具的结构特点及加工方法等基本知识。总体来讲，本节既是教学的重点，又是教学的难点。为增强学生的记忆和理解，在分析透问题的基础上要引导学生多做总结。

1. 钻孔

讲解钻孔概念时，可通过零件实例或视频引出该加工方法，明确钻孔在机械制造中的应用及重要性，突出概念中的两个关键词（麻花钻、实心材料)，先让学生有一个宏观的了解。

(1) 钻削特点

分析钻削特点时可结合多媒体视频，采用对比法（刨削或车削）进行分析和讲述，明确钻削所能达到的精度，即一般尺寸精度为 IT11 ~ IT10，表面粗糙度值为 $Ra100 \sim Ra25$ μm。

总结钻削特点口诀：钻削时，半封闭；易振动，精度低，散热慢，摩擦重；适用孔的初加工。

(2) 麻花钻的结构

对标准麻花钻的结构及作用应结合实物或图片进行详细讲解。

总结标准麻花钻结构特点口诀：麻花钻似螺旋，切削部分有特点；上有五刃和六面，切削主刃来承担。

(3) 麻花钻的几何角度

由于标准麻花钻工作部分的切削刃是由两条螺旋槽构成的，其前面是螺旋槽，后面是圆弧面。因主切削刃和横刃上各点前角、后角大小不一致，在切削过程中，主切削刃和横刃上各点的切削性能也不同。因此，标准麻花钻的几何角度相对较为复杂，特别是确定麻花钻切削角度的四个辅助平面，由于定义较为抽象，学生的空间思维与想象力还比较弱，即使讲得较细致，大部分学生也难以理解其空间位置与相互关系，教学难度较大。为此，教学时建议：

1）讲解标准麻花钻几何角度之前，应先借助实物、图片、模型或多媒体视频将相关的四个辅助平面（基面、切削平面、正交平面、柱剖面）介绍清楚，其定义参见补充资料。

2）讲解标准麻花钻的几何角度时，要重点介绍标准麻花钻四个主要角度（前角 γ_o、主后角 α_o、顶角 2φ、横刃斜角 ψ）的定义及作用，让学生了解各几何角度对切削性能的影响和相互关系，明确标准麻花钻各几何角度（特别是顶角 2φ、横刃斜角 ψ 和主后角 α_o）的具体要求和判断方法。这是刃磨麻花钻必须掌握和控制的基本角度。

3）为便于学生进一步对切削性能的理解，可简单介绍一下标准麻花钻的缺点和刃磨要求以及麻花钻的改良（群钻），以适应各种金属材料的钻削要求，其具体内容参见补充资料。

（4）钻削时切削用量的选择

在讲解钻孔切削用量的选择时，应先结合第四章所学知识明确钻孔切削用量的基本含义，在此基础上结合生产实际展开分析，最后总结出钻孔切削用量的选择原则。

钻削时切削用量包括切削速度（v）、进给量（f）和背吃刀量（a_p）。

1）切削速度是指切削刃选定点相对于工件主运动的瞬时速度，也就是钻孔时钻头直径上一点的线速度。在实际应用中可凭经验或查表（参见补充资料）将选取数值换算为钻床主轴转速 n。换算公式如下：

$$v=\frac{\pi dn}{1\ 000}$$

式中 v——切削速度，m/min；

d——钻头直径，mm；

n——钻床主轴转速，r/min。

2）进给量是刀具在进给运动方向上相对工件的位移量，也就是钻孔时主轴每转一周钻头沿主轴轴线方向的移动量。选用时可根据孔的尺寸精度、表面粗糙度要求以及钻头直径等因素进行综合考虑，合理选择。

3）背吃刀量是指刀具切入工件时，工件上已加工表面与待加工表面之间的垂直距离。钻孔时的背吃刀量为加工孔的半径，即 $a_p = D/2$。

（5）钻孔方法

可通过教材中的图片或多媒体视频，并结合生产实例重点分析划线钻孔法、配钻法、钻模钻孔法的特点和应用场合。

2. 扩孔

教学时可结合钻孔，采用比较法进行讲解，明确扩孔的定义、特点、加工工艺及注意事项。重点让学生掌握以下两点：

（1）扩孔能达到的加工精度及应用场合。

（2）扩孔时底孔直径的确定及切削用量的选择。

3. 锪孔

在教学实施过程中可先通过展示典型零件将锪孔定义引出，并根据零件上各孔口的形状导入锪孔所需刀具（锪钻）及其分类，然后利用教材中的图片或多媒体视频详细分析锪孔方法及注意事项。讲解时应突出用麻花钻改制锪钻的要求（参见补充资料）及锪孔工艺。

4. 铰孔

铰孔是一种微量切削，是对孔进行精加工的常用方法，其精度可达 IT7 级，表面粗糙度值可达 $Ra0.8\ \mu m$，是机械制造过程中非常重要的加工方法之一。在教学实施过程中应注重课题的导入，以激发学生的学习兴趣。讲解时可利用教材中的图片、多媒体视频、生产实例等资料，结合铰孔的特点及应用采用对比法展开分析和讲述。教学时，应以铰刀的种类、应用、铰削用量的选择及铰孔操作要点为主，并注意结合实物及图例讲清以下几点：

（1）铰刀

铰刀是精度较高的多刃刀具，它是保证孔加工精度的基础。讲解时应注意结合实物及图例讲清以下几点：

1）以常用整体圆柱铰刀为例，详细分析铰刀的结构、特点及各部分的功用。

2）结合教材中的图表，引领学生熟悉铰刀的基本类型，并利用对比法重点分析各类铰刀的特点及具体应用。

3）结合相关国家标准明确铰刀的制造精度以及影响铰孔质量的因素。

（2）铰削余量的选择

铰削余量的大小直接影响铰孔质量，在分析其原因的基础上，还应明确选择时需要考虑的其他因素，如孔径大小、材料性质、尺寸精度、表面粗糙度要求、铰刀类型及加工工艺等。

（3）铰削时切削液的选用

铰削时切削液的合理选用是提高铰孔表面质量的有效手段，讲解时以教材中的图表为基础，结合生产实际进行讲述，明确煤油对铸铁材料会出现“缩孔”现象。

（4）铰孔方法

铰孔方法和工艺对实际操作有重要指导意义，可采用多媒体视频直观教学法，结合生产实际展开分析和讲述。

5. 攻螺纹

攻螺纹是钳工专业非常重要的基本操作之一，在教学实施过程中可通过学生非常熟悉的机械零件或生活用品引出攻螺纹的定义，以攻螺纹所用刀具（丝锥）和加工工艺为主展开讲述。

（1）攻螺纹工具

讲解时可先展示实物，让学生对丝锥有一个初步的认识，然后利用教材中的图示详细分析丝锥的基本结构及各部分的功用。在此基础上利用对比法，结合教材中的图表讲述丝锥的类型、特点及应用，并明确以下几点：

1）手用丝锥与机用丝锥的区别。

2）成组丝锥中初锥、中锥、底锥（或头锥、二锥、精锥）的区别。

3）等径丝锥与不等径丝锥的差异（参见补充资料）。

（2）螺纹底孔直径与孔深的确定

攻螺纹前底孔直径和孔深的确定，是学生必须掌握的理论基础知识。在讲清为什么要控制这两项参数的基础上，结合例题详细讲解计算公式的具体应用，以培养学生解决实际问题的能力。

（3）攻螺纹方法

螺纹攻制要点及加工工艺对实际操作有重要指导意义，可采用多媒体视频直观教学法，结合操作步骤展开分析和讲述，以加深学生的理解和认识。

6. 套螺纹

套螺纹的理论基础知识较为简单，教学时可参照攻螺纹的教学方法进行。

（六）刮削、研磨与抛光

1. 刮削

刮削是一种古老的精加工方法，是当前机器不能代替的一项操作。教学中可以“刮削的特点→刮削所需的工具→刮削精度的检测→刮削方法及工艺”为主线进行分析讲解，讲解中应注意讲明以下几点：

（1）刮削概述

在分析透刮削特点的基础上，明确刮削在机械制造与修理以及工具、量具制作中所占有的地位和具体应用，如精密机床导轨、划线或测量用的精密平板等。

（2）刮削工具

刮削工具主要包括刮刀、校准工具（俗称研具）和显示剂。讲解时可通过展示实物或图片让学生了解各种刮削工具的结构特点和用途，并及时解决学生可能存在的疑惑，如标准平板是怎样刮出来的？（提示：采用了原始平板的刮削方法——渐近法）。

（3）刮削精度的检测

刮削精度主要指的是接触精度，在讲清检测方法的基础上，应明确检查结果是在该刮削面的任意位置测得的，并简要介绍各种平面接触精度研点数的具体要求（参见补充资料）。

（4）刮削方法及工艺

为增强教学效果，可结合视频资料进行讲述，明确平面刮削的步骤、方法、要求以及平面刮刀和显示剂的具体应用。

2. 研磨

研磨也是一种精密加工方法，在讲解时可借助学生熟悉的千分尺、量块等精密量具的测量面引出该加工方法。通过对研磨概念及原理的讲述，让学生了解研磨的特点（参见补充资料）及应用，并结合概念中的关键词明确研磨加工所需的工具。

（1）研具

在研磨加工中，研具是保证工件几何精度的重要因素。因此，教学实施过程中首先应明确研具材料的基本要求。在学生充分理解各种研具材料特性的基础上，再通过图片或视频引导学生熟悉常用研具的结构、特点及适用场合。

（2）研磨剂

研磨剂是指用于研磨的，由磨料、分散剂和辅助材料制成的混合剂。讲解时，在明确各部分所起作用的前提下，重点突出磨料的分类及常用磨料的应用。

（3）研磨方法及工艺

研磨方法及工艺的制定，对提高研磨效率、工件表面质量和研具寿命有直接的影响。讲解时应结合教材中的图片或多媒体视频详细分析各类零件的研磨方法及工艺操作要点。

3. 抛光

抛光技术是机械制造领域中的重要组成部分，在工业生产过程中应用广泛。讲解时可通过常见物品或生产实例引出该加工方法，明确抛光的目的及要求，并简要介绍抛光原理。

（1）抛光磨具

常用的抛光磨具通常分为涂附磨具、固结磨具、抛光锉、抛光轮等。讲解时可结合教材图表或多媒体视频，让学生初步了解各类抛光磨具的结构和特点，通过分析掌握其应用场合。

（2）抛光剂

抛光剂与研磨剂基本相同，也是由磨料、分散剂和辅助材料混合而成的，但必须明确磨料在抛光过程中均为自由状态。在选用抛光剂时，应考虑被抛光工件的材质以及抛光工序的具体要求。

（3）抛光方法

抛光方法较多，讲解时应以钳工最常用的机械抛光为主展开分析和讲述，其他抛光方法只简单介绍原理、特点和应用即可。

（4）抛光工艺

讲解抛光工艺时可按照机械抛光的操作步骤（粗抛→半精抛→精抛），结合各种抛光磨具的使用进行详细分析。

五、补充资料

1. 画线设备及应用

（1）分度头划线

分度头是钳工用来进行分度和划线的常用设备，教学时应注意以下几点：

1）分度头的结构和传动原理，可结合图 5—2 或视频进行简述，不需要详细讲解。

2）强调公式 $n=\frac{4}{z}$中的 z 是指整个圆周上的等分数。

3）通过实例讲解分度头的具体应用。

（2）CHXY 系列三维测量划线仪

CHXY 系列三维测量划线仪是一种既能有效完成复杂零部件、模型三维空间测量、测绘，又可替代方箱、划针、高度尺进

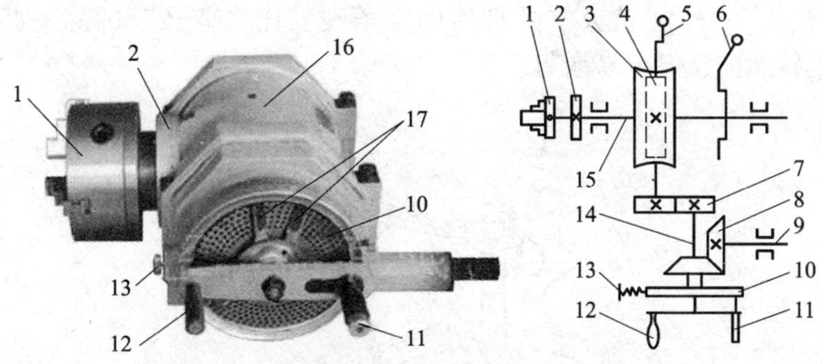

图 5—2　分度头的结构和传动原理

1—卡盘　2—刻度盘　3—蜗轮（$Z=40$）　4—单头蜗杆　5—蜗杆脱落手柄
6—主轴锁紧手柄　7—圆柱齿轮传动副（1∶1）　8—圆锥齿轮传动副（1∶1）
9—挂轮轴　10—分度盘　11—定位插销　12—手柄　13—分度盘锁紧螺钉
14—传动轴　15—主轴　16—回转体　17—分度叉

行划线检测的设备。它不仅具有三个坐标的手动测量和划线功能，还可满足三轴电动及 Z 轴旋转等使用要求，尤其适用于在工业生产现场对超大型覆盖体测量、焊接夹具测量、模具测量、检具测量、复杂构件（车体部件、机车转向架）测量及划线、深孔腔体件（内燃机机车发动机）的多方位测量划线。

2. 錾子的热处理

錾子的热处理包括淬火和回火两个过程，操作方法如下：

将錾子切削部分（约 20 mm 长度）加热到 750 ~ 780℃（此时呈暗樱红色），取出后迅速浸入冷却水中冷却（浸入深度为 5 ~ 6 mm）。为了加速冷却并使淬火界线不十分明显，可沿着水面缓慢地移动，如图 5—3 所示。当錾子露出水面的部分变成黑色时，从水中取出，利用上部的余热进行回火，然后迅速地擦去氧化层和污物，观察錾子刃部的颜色变化。刚出水时錾子的颜色呈白色，随后由白色变为黄色，再由黄色变为蓝色。当变为黄色时，将錾子全部浸入水中冷却，这种情况的回火称为“黄火”；如果变为蓝色时，将錾子全部浸入水中冷却，这种回火称为

“蓝火”。经“黄火”处理后的錾子硬度比“蓝火”的高一些，不易磨损，但容易崩刃。

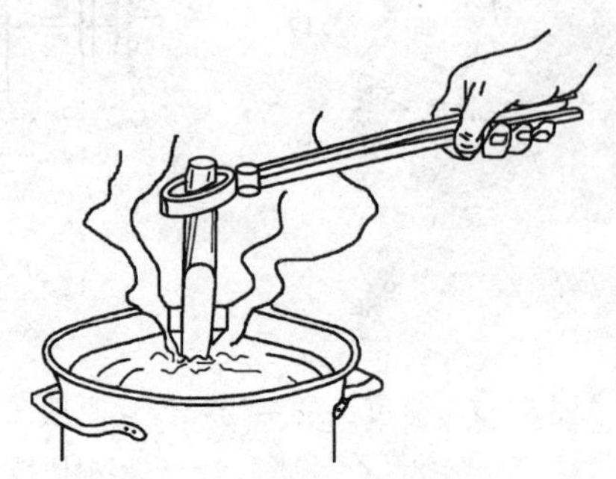

图 5—3　錾子的热处理

在錾子热处理的过程中较难掌握的是根据颜色来判断温度，尤其是回火时的颜色变化快、时间短，故必须认真地观察和不断实践，才能逐渐掌握。

3. 锯条规格及标记

（1）锯条的规格及基本尺寸（见表 5—1）

表 5—1　锯条的规格及基本尺寸（摘自 GB/T 14764—2008）

锯条型式	长度规格	粗细规格		宽度	厚度
	l/mm	每 25 mm 内的齿数	齿距 p/mm	b/mm	a/mm
单面齿型（A 型）	300 或 250	32	0.8	12.0 或 10.7	0.65
		24	1.0		
		20	1.2		
		18	1.4		
		16	1.5		
		14	1.8		
双面齿型（B 型）	296	32	0.8	22	0.65
	292	24	1.0	25	
		18	1.4		

（2）标记示例

全硬型、碳素工具钢、单面齿型、长度 $l=300$ mm、宽度 $b=12$ mm、齿距 $p=1.0$ mm 的钢锯条应标记为：手用钢锯条 GB/T 14764—2008 HTA300×12×1.0。

4. 锉刀的规格与锉削方法

（1）锉刀的规格

1）普通锉刀的规格分尺寸规格和锉纹的粗细规格，具体参数见表5—2。

表5—2　　普通锉刀的参数（摘自 GB/T 5806—2003）

长度规格/mm	每10 mm主锉纹条数 锉纹号 1	2	3	4	5	辅锉纹条数	边锉纹条数	主锉纹斜角 λ 1~3号锉纹	主锉纹斜角 λ 4~5号锉纹	辅锉纹斜角 ω 1~3号锉纹	辅锉纹斜角 ω 4~5号锉纹
100	14	20	28	40	56	为主锉纹条数的75%~95%	为主锉纹条数的100%~120%	65°	72°	45°	52°
125	12	18	25	36	50						
150	11	16	22	32	45						
200	10	14	20	28	40						
250	9	12	18	25	36						
300	8	11	16	22	32						
350	7	10	14	20	—						
400	6	9	12	—	—						
450	5.5	8	11	—	—						

2）锉刀粗细规格新旧标准对照见表5—3。

表5—3　　锉刀粗细规格新旧标准对照表

新标准（用锉纹号表示）	1	2	3	4	5
旧标准	粗锉刀	中粗锉刀	细锉刀	双细锉刀	油光锉刀

（2）基本锉削方法

锉削时应根据被加工面的形状和要求合理制定锉削方法及工艺，常用的基本锉削方法见表5—4。

表 5—4　　　　常用的基本锉削方法

方法		图示	特点及应用
平面锉削	顺向锉		顺向锉是最普通的锉削方法，锉的运动方向与工件夹持方向始终一致。这种方法可得到正直的锉痕，比较整齐美观，适用于面积不大的平面锉削和最后锉光
	交叉锉	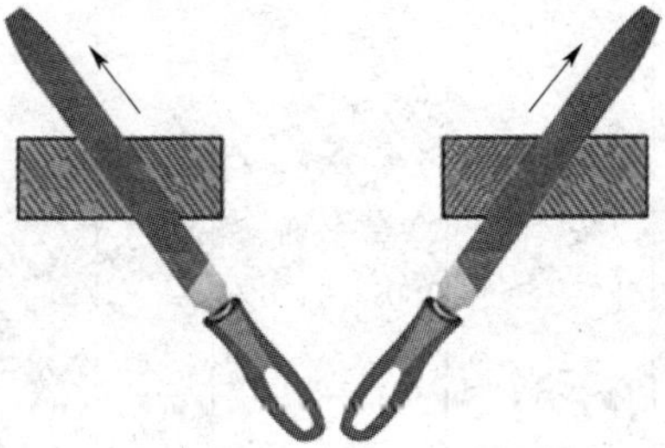	锉与工件夹持方向约呈 35°，且锉痕交叉。交叉锉时锉与工件的接触面积增大，锉容易掌握平稳。交叉锉一般用于粗加工
	推锉	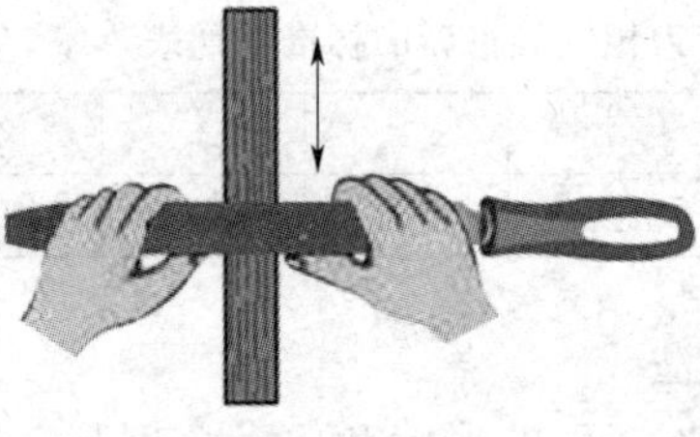	推锉一般用来锉削狭长平面，使用顺向锉法锉受阻时使用。推锉时因锉齿的方向与锉的运动方向不同，故锉削效率低，只适用于加工余量较小的锉削或修整尺寸

续表

方法		图示	特点及应用
平面锉削	铲锉	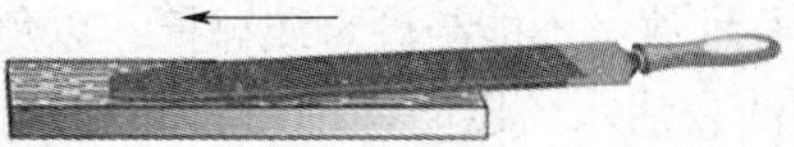	铲锉是利用锉前端的弧度对工件表面的局部进行锉削，主要适用于锉削面的修整
曲面锉削	锉削外圆弧面	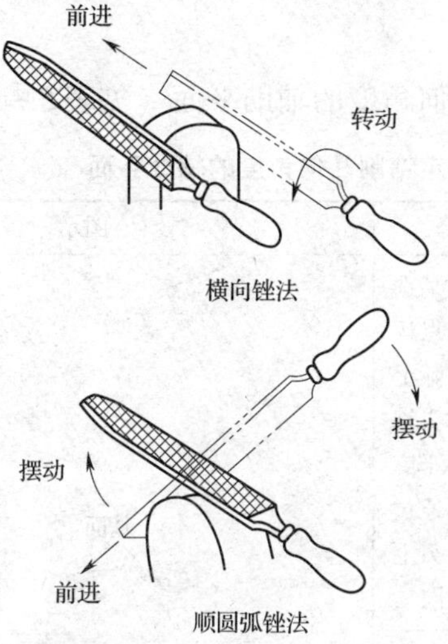 横向锉法 顺圆弧锉法	常见的外圆弧面锉削方法有横向锉法和顺圆弧锉法两种。锉削时要同时完成两种运动，即横向锉法是锉的前进和转动，顺圆弧锉法是锉的前进和上下摆动。横向锉法切削效率高，适于粗加工；顺圆弧锉法锉出的圆弧面不会出现棱角现象，一般用于圆弧面的精加工
	锉削圆球面	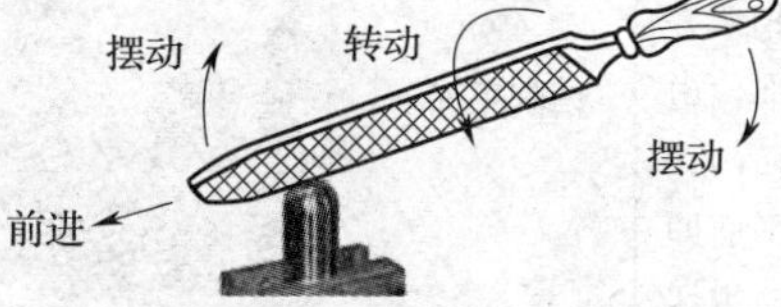	锉削圆球面时要同时完成三种运动，即锉的前进、转动和摆动

（3）锉刀的使用与保养

1）不可用锉刀加工工件的硬氧化皮或淬硬的工件，否则锉刀极易磨损。

2）新锉刀应用钝一面后，再用另一面。因用过的锉刀易生锈，两面同时用则缩短了其使用寿命。

3）要及时剔除嵌入锉纹中的切屑，以免锉刀生锈腐蚀影响加工质量。

4）锉刀不能重叠堆放，不能与硬金属碰撞，以免损坏锉齿。

5）防止锉刀沾油、沾水，以防锉削时打滑和锈蚀。

6）使用整形锉或异形锉等细小锉刀时，用力要适度，不能过猛，以免锉刀折断。

5. 钻削知识

（1）确定钻削几何角度的辅助平面（见表5—5）

表5—5　　　确定钻削几何角度的辅助平面

名称	定义及说明	图示
基面	通过主切削刃上某选定点，且垂直于该点运动方向的平面。实际上就是通过该点与钻头轴线的轴向剖面。由于麻花钻两主切削刃不通过钻心，所以主切削刃上各点的基面也就不同	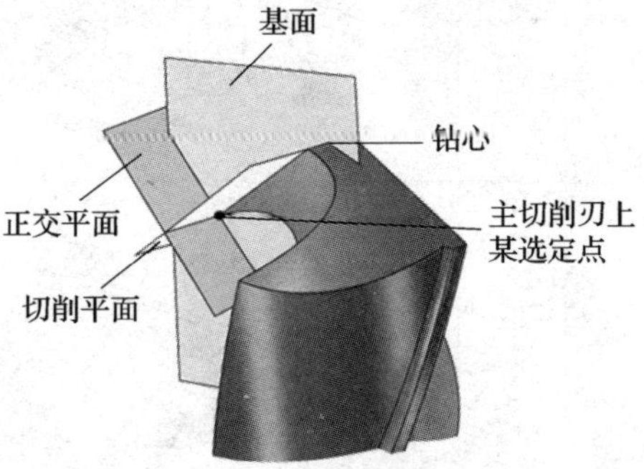
切削平面	通过主切削刃上某选定点，与切削刃相切并垂直于基面的平面。由于标准麻花钻主切削刃为直线，故切削平面即为该点运动方向与主切削刃构成的平面	
正交平面	通过主切削刃上某选定点，并同时垂直于基面和切削平面的平面	

续表

名称	定义及说明	图示
柱剖面	通过主切削刃上某选定点，作与麻花钻轴线平行的直线，该直线绕麻花钻轴线旋转所形成的圆柱切面	柱剖面 主切削刃上某选定点

（2）标准麻花钻的缺点

1）横刃较长，横刃处前角为负值，在切削中横刃处于挤刮状态，产生很大轴向力，定心不良。

2）主切削刃上各点前角大小不一样，致使各点切削性能不同。靠近钻心处前角为负，处于挤刮状态，切削性能差，产生热量大，磨损严重。

3）麻花钻刃带处的副后角为零。靠近切削部分的刃带与孔壁摩擦较为严重，产生热量大，易磨损。

4）主切削刃外缘处的尖角较小，前角很大，切削刃强度低，而此处的切削速度最高，故产生的切削热最多，磨损极为严重。

5）主切削刃长，且全长参与切削，分屑、断屑、排屑困难。

（3）标准麻花钻的修磨

由于麻花钻存在上述缺点，因此在使用前应采取必要的修磨措施，以改善麻花钻的切削性能。其修磨方法及要求见表5—6。

标准麻花钻修磨口诀：麻花钻，有缺点，通过修磨来改善；主刃磨出二顶角，横刃太长要磨短；后面磨有分屑槽，副后角刃磨在棱边；减小外缘处前角，还须修磨该前面。

表 5—6　　麻花钻的修磨方法及要求

修磨部位	修磨方法及要求	图示
磨短横刃并增大靠近钻心处的前角	这是最基本的修磨方式。修磨后，横刃的长度 b 为原来的 1/5 ~ 1/3，以减小轴向抗力和挤刮现象，提高钻头的定心作用和切削稳定性。同时，在靠近钻心处形成内刃，内刃斜角 τ =20° ~ 30°，内刃处前角 γ_τ = －15° ~ 0°，切削性能得以改善。一般直径在 5 mm 以上的麻花钻均须修磨横刃	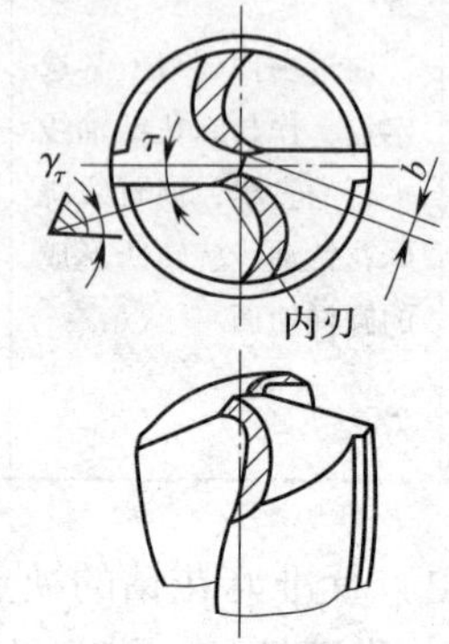
主切削刃	主要是磨出第二顶角 $2\varphi_o$（70° ~ 75°）。在麻花钻外缘处磨出过渡刃（f_o = 0.2d），以增大外缘处的尖角 ε，改善散热条件，提高切削刃与刃带交角处的耐磨性，延长钻头寿命，减少孔壁的残留面积，且有利于减小孔的表面粗糙度值	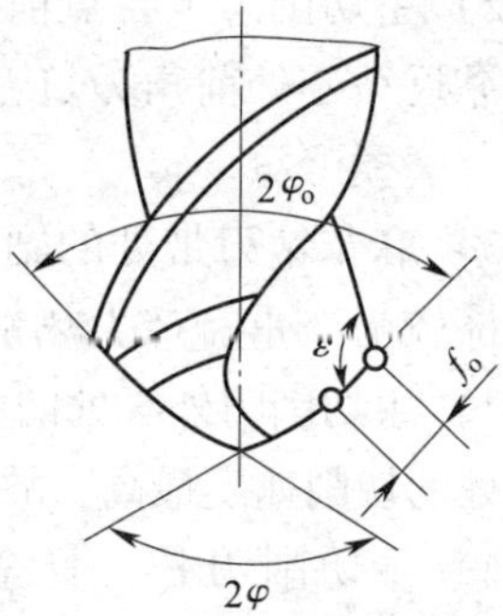
刃带	在靠近主切削刃的一段刃带上，磨出副后角 α_{o1} 为 6° ~ 8°，并保留刃带宽度为原来的 1/3 ~ 1/2，以减少对孔壁的摩擦，提高钻头的寿命	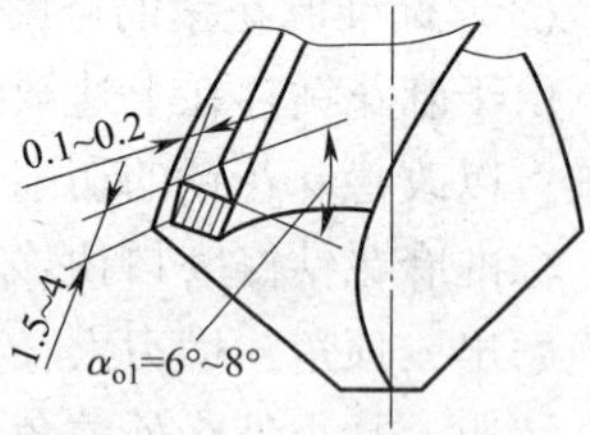

续表

修磨部位	修磨方法及要求	图示
前面	修磨外缘处前面，可以减小此处的前角，提高外缘处切削刃的强度，钻削黄铜时，可以避免“扎”现象	
分屑槽	在两个后面或前面上磨出几条相互错开的分屑槽，使切屑变窄，以利于排屑。直径大于 15 mm 的钻头都可磨出分屑槽	 前刀面开槽 后刀面开槽

（4）群钻

群钻是在广泛吸取群众智慧中的丰富经验后，经几十年的实践革新而获得的一种寿命长、适应性强、生产效率和加工精度高的新型钻头，现已形成一套独立的孔加工工具系列。其中，标准群钻是群钻系列中的基础，主要用来钻削碳钢和各种合金结构钢，应用最广，其结构如图 5—4 所示。除了标准群钻外，其他常用的群钻还有钻削铸铁用群钻、钻削黄铜或青铜用群钻、钻削薄板用群钻等。

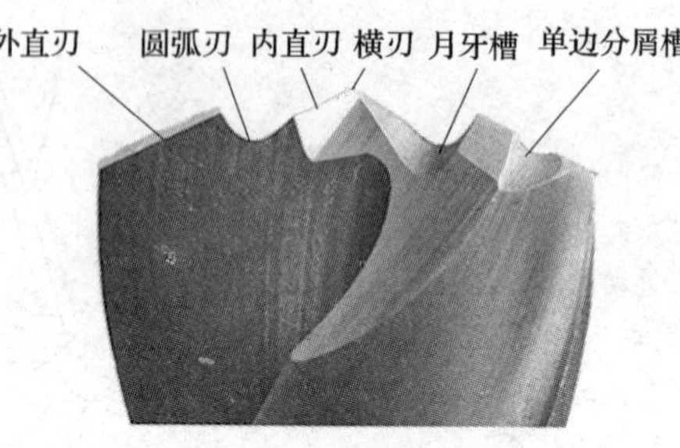

图 5—4　标准群钻

标准群钻结构特点口诀：三尖七刃锐当先，月牙凹弧置两边；交错开槽分排屑，横刃磨低短又尖。

（5）钻削时切削速度的选择

用高速钢麻花钻钻削不同材料时的切削速度见表 5—7。

表 5—7　　　　高速钢麻花钻的切削速度选择

加工材料	硬度 HB	切削速度 v (m/min)
低碳钢	100 ~ 125	27
	125 ~ 175	24
	175 ~ 225	21
中、高碳钢	125 ~ 175	22
	175 ~ 225	20
	225 ~ 275	15
	275 ~ 325	12
合金钢	175 ~ 225	18
	225 ~ 275	15
	275 ~ 325	12
	325 ~ 375	10
铜合金	—	20 ~ 48
铝合金	—	75 ~ 90

加工材料	硬度 HB	切削速度 v (m/min)
可锻铸铁	110　160	42
	160 ~ 200	25
	200 ~ 240	20
	240 ~ 280	12
球墨铸铁	140 ~ 190	30
	190 ~ 225	21
	225 ~ 260	17
	260 ~ 300	12
灰铸铁	100 ~ 140	33
	140 ~ 190	27
	190 ~ 220	21
	220 ~ 260	15
	260 ~ 320	9

（6）用麻花钻改制锪钻

在实际生产中，常用麻花钻改制锪钻，尤其是在产品试制或单件、小批量生产中，能有效控制刀具管理和生产成本。用麻花钻改制后的锪钻如图 5—5 所示。

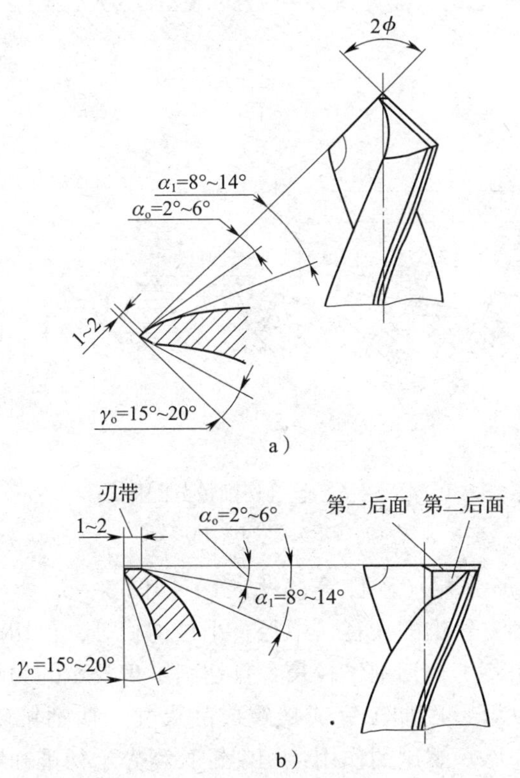

图 5—5 用麻花钻改制后的锪钻

a）锥形锪钻 b）柱形锪钻

（7）等径丝锥与不等径丝锥的区别

攻螺纹时，为了减小切削力，延长丝锥寿命，一般将整个切削量分配给几支丝锥来承担。成组丝锥切削量的分配形式有锥形分配和柱形分配两种，如图 5—6 所示。

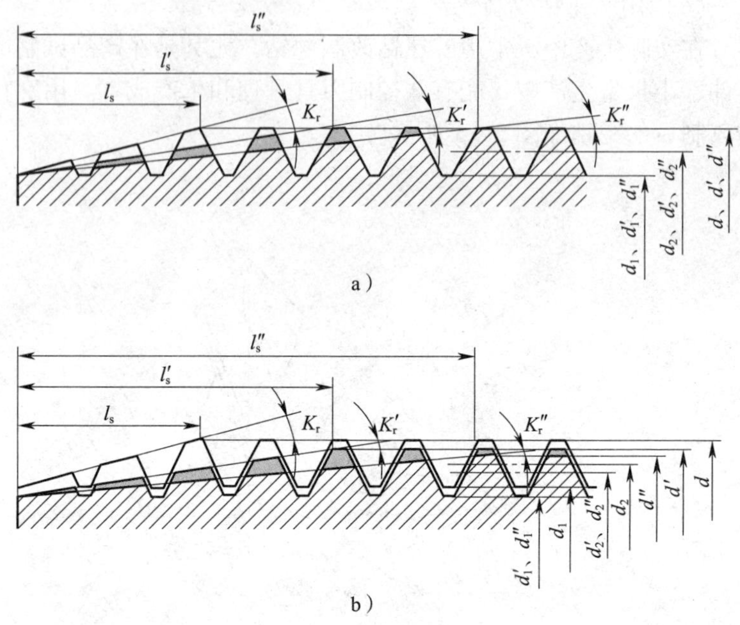

图 5—6　丝锥切削量分配形式

a）锥形分配　b）柱形分配

1）锥形分配（俗称等径丝锥）。如图 5—6a 所示，在成组丝锥中，各支丝锥的大径、中径、小径均相等，仅切削锥的长度及切削锥角不等。切削锥较长，且切削锥角较小的为初锥，在通孔中攻螺纹可一次加工完成螺纹成品尺寸；切削锥较短的为底锥，它只起修短螺尾的作用；切削锥长度介于初锥和底锥之间的为中锥，具有单支丝锥的功能。

2）柱形分配（俗称不等径丝锥）。如图 5—6b 所示，在成组丝锥中，各支丝锥的大径、中径、小径以及切削锥长度和切削锥角均不相等。其切削锥较长，且切削锥角较小的为第一粗锥（头锥），它的校准部分不具备完整螺纹牙型，在加工螺纹时起粗加工的作用；切削锥较短的为精锥，它的校准部分具有完整螺纹牙型，起最后精加工的作用；切削锥长度介于第一粗锥和精锥之间的为第二粗锥（二锥），起第二次粗加工的作用。这种丝锥的切削量分配比较合理，切削省力，各支丝锥磨损量差别小、寿命长，攻制的螺纹表面粗糙度值小。通常 3 支一组的丝锥按 6∶3∶1 分担切削量；两支一组的丝锥按 7.5∶2.5 分担切削量。

6. 刮削与研磨知识

（1）刮削接触精度要求

在平面刮削中，各种平面接触精度研点数的要求见表 5—8。

表 5—8　各种平面接触精度研点数的要求

平面种类	每 25 mm×25 mm 内的研点数	应用
一般平面	2～5	较粗糙机件的固定结合面
	5～8	一般结合面
	8～12	机床台面、一般基准面、机床导向面、密封结合面
	12～16	机床导轨及导向面、工具基准面、量具接触面
精密平面	16～20	精密机床导轨、直尺
	20～25	1 级平板、精密量具
超精密平面	>25	0 级平板、高精度机床导轨、精密量具

注：表中 1 级平板、0 级平板指通用平板的精度等级。

（2）研磨原理及特点

1）在研磨过程中，研磨剂中的磨粒被压嵌在研具表面上，形成无数切削刃。由于研具和工件的相对运动，因而对工件产生微量的切削作用，均匀地从工件表面切去一层极薄的金属，可使研磨后的工件获得精确的尺寸、形状和极小的表面粗糙度值。

2）操作方法简单，不需复杂设备，但加工效率较低。

3）经研磨后的零件能提高表面的耐磨性、抗腐蚀性及疲劳强度，从而延长使用寿命。

第六章　车　　削

一、教学目标

1. 了解车床的种类、结构、加工范围和工艺特点。
2. 掌握车削运动。
3. 了解常见车床夹具的特点和应用场合。
4. 掌握常用车刀，了解新型车刀。
5. 了解工件在车床上的常用装夹方法。
6. 了解基本的车削工艺方法。

二、教学重点与难点

1. 教学重点

车削是金属切削加工中最重要的加工方法，所以，车削最常用的设备——卧式车床的结构、车削运动、常用的车刀、工件在车床上的常用装夹方法以及各种车削工艺方法是本章教学的重点。

2. 教学难点

车削时，对于不同形状的工件和不同加工方法会选择不同的装夹方法，这些装夹方法会用到许多车床夹具及附件，让学生认识这些夹具和附件，了解它们的特点及应用场合是本章教学的难点。

三、学时分配表

章节内容	建议学时
§6—1　车床	6（含2个实训学时）
§6—2　车床的工艺装备及装夹方法	8（含2个实训学时）
§6—3　车削工艺方法	14（含4个实训学时）

四、教学设计与建议

（一）车床

通过让学生观察车床加工的工件不难看出，车削出的工件都是回转体工件，从而很容易引导学生了解车削运动，但要进一步了解车削就要更深入地了解车床，而车床中应用最广泛、最常见的便是卧式车床。因此，教师可通过现场教学的方式让学生了解卧式车床的结构和传动关系，并通过参观或播放视频资料来让学生了解车床的应用范围，再总结车削的特点。然后借助视频资料或通过幻灯片讲解车刀的种类及其实际应用情况，使学生初步了解车削的基本方法；并在此基础上介绍车床常用的夹具及其应用场合，通过这些比较具体的装夹方法及加工应用的介绍，使学生对车削有一个更深入的了解。

车床是一种主运动为连续、均匀的回转运动，进给运动主要是通过刀具沿工件回转轴线做轴向移动以及垂直于工件轴线做径向移动的机床。由于运动形式比较简单，所以车床的结构并不复杂，因为整台车床的结构正是为了满足其基本切削运动而设置的，所以，在认识车床的教学中可以围绕卧式车床的运动关系来进行。讲清楚主轴箱、进给箱和溜板箱三者间的运动关系，讲清楚刀具的夹持与进刀及进给方式，再围绕这些运动介绍其传动路径和传动过程。若有条件，在讲解过程中最好结合现场的操作演示，以达到直观的教学效果。

1. 卧式车床和立式车床

（1）通过多媒体课件讲解常用的车床类型，了解 CA6140 型卧式车床的结构、主要部件的名称和功用以及该机床的性能特点。

（2）分组后将学生带到空置的 CA6140 型车床前，提问各部位名称请学生一一指认，无误后生产实习指导教师再进行现场的演示讲解，加深学生对车床的认识。

(3) 从讲解“卧式车床主要组成部分的名称和用途”开始，就要为讲解后面的“车削运动”等内容做好铺垫。

(4) 在介绍车床主要组成部分时不要按教材中的序号，而要大致按卧式车床传动路线中的组成顺序来介绍。

(5) 断开机床电源，让学生自由接触、感知车床。

(6) 了解立式车床和自动车床。

2. 车削运动及切削用量

车削运动要由车床传动路线的内容引出。讲解车床的传动路线时仍要结合卧式车床主要组成部分的内容进行。具体方法如下：

(1) 先总述卧式车床的主要组成部分。

(2) 再讲述卧式车床的结构简图。

(3) 最后自然地过渡到车床的传动路线。

车床的运动按功用来分，可分为表面成形运动和辅助运动。

表面成形运动是车床为形成工件表面的刀具和工件的相对运动。它可以由刀具或工件单独完成，也可由刀具和工件共同完成。车床的表面成形运动分为主运动和进给运动。车床的主运动就是工件的旋转运动，其转速以 n （r/min） 表示。主运动是实现切削最基本的运动，其运动速度较高，消耗功率较大。车床的进给运动就是刀具的移动。

为实现机床的辅助工作而必需的运动称为辅助运动。辅助运动包括刀具的移近、退回、工件的夹紧等。在卧式车床上这些运动通常由操作者用手工操作来完成。

建议教师在讲解上述内容时，运用多媒体教学手段逐步进行。

3. 车床的加工范围和工艺特点

(1) 车床的加工范围

教材图 6—6 列出了钻中心孔、钻孔、铰孔、攻螺纹、车外圆（圆柱、圆锥）、车孔（圆柱孔、圆锥孔）、车平面、车槽、车成形面、滚花、车螺纹等加工内容。

结合教材进行讲解，让学生对不同加工方法有一个大致的了解，对各种加工方法所用的装夹方法、使用的刀具、切削用量的选择等做必要的介绍。

（2）车削的工艺特点

1）主运动是连续、均匀的回转运动，除粗加工可能因毛坯余量不均匀引起切削层横截面积变化以及由于工件本身结构特征的缘故导致非连续切削外，车削基本为等切削横截面的连续切削，切削力变化很小，切削过程连续、稳定，具备进行高速切削和强力切削的重要条件。

2）车削所用刀具大多为单刃刀具，其结构简单，制造、刃磨和装卸均较为方便，便于根据具体要求选用合理的几何形状，有利于保证加工质量，提高生产效率和降低加工成本。

3）精细加工不适合磨削的有色金属工件时，用金刚石车刀精细车削其外圆，尺寸精度可达 IT6 ~ IT5 级，表面粗糙度值可达 $Ra0.4 \sim 0.05$ μm。

4）车削的适应性广，除可加工各种内、外回转表面，平面槽，成形面外，还可进行异形工件（偏心或不规则外形等结构复杂的工件）的车削和滚压加工等。

车削是工件旋转做主运动，车刀移动做进给运动的切削加工方法。结合多媒体视频的内容，对比钻削、铣削等比较常见的相关职业的分析，讲解车削的工作特点。

找一些典型的加工零件，与学生一起讨论分析哪些表面可由车削完成，哪些表面无法由车削完成，以便使学生对车削的特点和内容产生更加直观、具体的认识，从而进一步激发学生的学习兴趣。

（二）车床的工艺装备及装夹方法

工艺装备是产品制造工艺过程中所用的各种工具的总称，包括夹具、刀具、量具、检具、辅具、钳工工具和工位器具等。

1. 车床通用夹具

车床通用夹具一般作为车床附件供应，且已经规格化。常见的车床附件有卡盘、顶尖、中心架、跟刀架、花盘等。

讲解车床通用夹具时，建议教师运用多媒体教学手段或者带领学生到实训车间，分类了解这些通用夹具的结构特点、应用场合，如有条件可现场演示。对不同夹具的细分情况做进一步的介绍，如卡盘有三爪、四爪之分，其结构、应用又各有特点，顶尖有活顶尖、死顶尖、前顶尖、后顶尖之分等。

2. 车刀

（1）常用车刀

不要单纯讲解常用车刀的种类，要结合车刀的用途讲解种类。车刀为单刃刀具，种类较多，随车削时加工表面及位置不同，常用车刀的种类及用途如下：

1）偏刀分为右偏刀和左偏刀，主偏角 κ_r 常取 90°~93°。

2）外圆车刀主要用于车削外圆，主偏角 κ_r 常取 60°~75°。

3）45°车刀分为右弯头车刀和左弯头车刀，主偏角 κ_r 常取 45°。

4）切断用的刀称为切断刀，车槽用的刀称为车槽刀。车矩形外槽的直形车槽刀与切断刀的几何形状相似，有时可以通用。

5）车孔刀用于以车削方法扩大工件的孔或加工空心工件的内表面，分为通孔车刀和盲孔车刀。车削通孔时，主偏角 κ_r 常取 60°~75°；车削盲孔或台阶孔时，主偏角大于 90°，一般取 92°~95°。

6）圆形车刀的切削刃形状与工件回转面素线相吻合。

7）螺纹车刀的刀尖角 ε_r 与螺纹的牙型角 α 相等。

（2）新型车刀

通过常用焊接式车刀的缺点，引出近年来国内外大力发展和广泛应用的先进刀具——硬质合金不重磨车刀，指出这是车刀的发展方向。硬质合金不重磨车刀种类繁多、结构复杂，可结合教材表6—3对照讲解，其余不做过高要求。硬质合金可转位车刀的硬质合金刀片用机械夹固方式紧固在刀柄上，当切削刃磨钝后，可以方便地转换另一切削刃或更换刀片，装卸方便。车刀刀柄的截面形状有圆形、正方形和矩形等，车刀刀柄截面尺寸通常按机床中心高、刀架形状及切削横截面尺寸等选取。

3. 工件在车床上的常用装夹方法

教材中介绍了六种常用的装夹方法。不同的装夹方法适用于不同的零件、不同的场合。其中用卡盘装夹、两顶尖装夹、一夹一顶、用芯轴装夹多用于较规则轴类零件的加工；用中心架、跟刀架辅助装夹多用于较长轴类零件的加工；用花盘、角铁装夹用于工件形状不规则、用其他方法不便装夹的场合。

4. 车削工艺方法

（1）车刀的装夹

建议教师讲解时注意以下几点：

1）在理论和实训一体化教室，教师演示将刃磨好的车刀装夹在刀架上这一操作过程。

2）教师演示的姿势、位置要经常变换，以防止阻碍学生的观察视线，并提高互动效果。

3）刀尖对准工件轴线的方法是演示的重点。

4）互动教学，每组学生至少有一人上台，其他组的学生监督，教师点评。

（2）车削外圆柱表面

外圆柱表面在机械零件中用的很多，车削是主要的加工方法。教材中对车削外圆柱表面的介绍比较详细，车削的各环节操作要点、方法、切削用量、常用的刀具等内容都有体现。教学中将这些内容讲解清楚，使学生对车削外圆柱表面有比较系统的了解和认识就可以了，更高的要求应随着教学的深入逐步进行。在这个过程中，注意相关知识点的释疑解惑。

（3）车削端面和台阶

这两部分内容的教学模式，建议参照车削外圆柱表面的形式进行。

（4）车槽和切断

这部分内容的教学，需要特别强调切断时容易出现的问题，以免出现打刀甚至酿成事故。

（5）孔的车削

孔的车削与外圆车削相比，有其特点和困难。车削对象、切削用量、操作要领、刀具结构有了较大的变化，把这些方面讲清很有必要。

孔的车削中，有两个关键技术问题需要特别注意：一是刀杆的强度，二是排屑问题。建议教师采用多媒体视频，让学生观看孔的车削情况，结合对这两个关键技术问题进行介绍。进而将如何增强刀杆强度，改善车削状况，顺利实现排屑控制等问题加以介绍。选择内孔车刀实物或模型，课堂现场演示讲解，直观性强，效果较好。

内孔车刀分为普通孔车刀和盲孔车刀，应从二者的区别进行说明。内孔车刀的几何角度让学生了解一下，主要的角度注意重点讲解说明，如前角、后角。盲孔车刀主偏角的作用和选择需要加以强调。

（6）圆锥的车削

在车床上车削圆锥时刀尖与工件轴线必须等高；刀尖在进给运动中的轨迹是一直线，且该直线与工件轴线的夹角等于圆锥半角 $\alpha/2$。这要从原理上讲解清楚，使学生知道达不到这一要求所产生的后果。

在车床上车削外圆锥的方法主要有四种：宽刃刀车削法、偏置上滑板法、偏移尾座法、仿形（靠模）法。

四种方法的适用场合、加工特点、车削方法是讲解的重点内容。

(7) 螺纹车削

螺纹种类较多，螺纹车削以三角螺纹为例进行介绍。

螺纹的加工方法很多，其中用车削的方法加工螺纹是最常用的方法之一。

螺纹车削时用的车刀是螺纹车刀，有内、外螺纹车刀之分。认识螺纹车刀的几何角度，了解车削运动对螺纹车刀角度的影响，正确选择车削螺纹的切削用量是需要讲解的重点内容。

对螺纹几何角度的教学可结合车刀实物或模型进行，在学生对外圆车刀有所了解的基础上，注意讲解螺纹车刀的结构特点以及内、外螺纹车刀的不同。

车削运动对螺纹车刀角度的影响是一个难点，应考虑用多媒体手段进行教学讲解，让学生通过直观的视频领悟原理，加深对这一问题的理解。如果一时难以达到预期的教学目的，可利用车削螺纹实训引导学生做进一步的学习。

螺纹车刀的装夹、车螺纹时切削用量的选择，教学中建议在讲解基本知识的基础上，安排适当的实训示范演示，尽可能让学生操作练习，然后教师再归纳总结，这样可降低教学的难度。

螺纹的车削按照切削速度又分为高速车削和低速车削，两种车削用的车刀材料、切削用量、适用场合、操作注意事项等有所不同。特别需要注意的是高速车削螺纹时，应强调安全文明操作，避免发生人身安全及设备事故，造成不应有的损失。

第七章　铣削与镗削

一、教学目标

1. 掌握典型铣床的结构和作用，了解常用铣床的类型。
2. 了解铣床常用的夹具和工具，掌握铣刀的分类及用途。
3. 掌握铣削用量、铣削方式和铣削方法。
4. 了解镗床、镗刀以及镗削方法。

二、教学重点与难点

1. 教学重点

铣床的种类较多，不同类型的铣床在结构上有较大的差异，且传动方式也有所不同，而认识及了解典型铣床（X6132）的结构和常用刀具，是了解铣削及其特点的前提。所以，铣床的结构、应用范围和加工特点以及铣刀的分类及用途是本章的教学重点。铣削用量和各种铣削方式、顺铣与逆铣等内容也是教学重点。

镗床的应用范围、镗刀及其镗削方法也是本章的重点。

2. 教学难点

铣床是金属切削机床中结构和运动相对比较复杂的一种，铣削常用的刀具种类较多、结构各不相同。因此，在教学中要向学生讲清楚铣床结构以及不同铣刀的结构和用途，这是教学中的难点。

铣床和镗床的结构各不相同，加工方法各异。因此，向学生讲清楚不同机床的结构特点和主要加工方法，也是教学中的难点。

三、学时分配表

章节内容	建议学时
§7—1　铣床	2
§7—2　铣床的工艺装备	3
§7—3　铣削工艺方法	4（含 1 个参观学时）
§7—4　镗削	3

四、教学设计与建议

（一）铣床

通过课堂讨论引入铣削的概念，或通过回顾在参观机加车间时铣床所加工工件的情况，比较铣削出的零件与车削出的零件不同之处，从而引出铣削的概念。再通过图片介绍铣床的种类，认识常用的铣床，并通过对典型铣床的介绍引入 X6132 型卧式万能升降台铣床的教学。

在前面的参观中学生对铣床只有初步的印象。要让学生真正认识铣床，教师不但要借助幻灯片、视频等进行讲解，还要通过现场教学来讲解典型铣床的结构，让学生了解和认识机床各部位的名称及作用，了解各个手柄的功能。在学生对铣床结构有了基本了解的基础上，再讲解铣床的传动路线；然后结合图片讲解铣床的主要工作内容和加工特点，讲清楚常用的铣刀及其切削运动，介绍铣床常用工具及附件的用途和用法；最后通过铣削方法和特点的介绍对本章内容进行小结。

铣床组成、铣床附件及各种铣削方法应尽可能结合现场参观进行教学。

1. 典型铣床

由于铣床的种类很多，建议教学前最好先准备一些有关铣床的幻灯片或视频，通过多媒体让学生对铣床有一个比较全面、具体的认知，然后通过现场教学对 X6132 型铣床结构进行比较详细的讲解。讲解时由下至上先介绍铣床的主要结构和具体作用，再介绍铣床的主运动、进给运动和传动路线。若是现场教学，讲解时最好结合相应的操作演示。

2. 铣床的加工范围和特点

铣床的工作内容非常丰富，对照图示讲清楚各主要加工内容的工作实质，分析、讲解刀具和工件间的运动关系，再结合这些加工内容总结铣削的特点。

在各种金属切削加工方法中，铣削的应用仅次于车削，是加工平面的主要方法之一。铣削加工在平面、槽、台阶及各种特形曲面的加工中有着其他加工方法无法比拟的优势，在模具制造行业中占有非常重要的地位。

教学时，可与学生进行讲座式交流。在工厂中流传着这样一种说法："伟大的车工，万能的钳工，难不住的是咱铣工。"这句话形象地说明了车、钳、铣三大切削工种的职业特点。通常情况下，由于机械零件中以回转体零件占绝大多数，所以车削承担着金属切削加工任务总量的 60%～80%，所以说"伟大的车工"这一说法确实恰如其分；而"万能的钳工"自不必说，当今所有先进加工方法都是从最原始的手工制作一步一步发展而来的，即使到了科学技术快速发展的今天，许多通过手工完成的操作，如刮研等，仍无法被机械加工所取代；至于"难不住的是咱铣工"，主要是因为铣刀的种类繁多，进给方式灵活，特别是随着数控技术的快速发展，铣削加工在机械加工中的作用显得越来越重要。

展开分析教材中关于铣削的主要特点：

（1）铣刀是一种多刃刀具，铣削时，同时有几个刀齿进行切削，能采用较大的进给量和较高的切削速度。因此，铣削的生产效率较高。

（2）铣削时，切削过程虽然是连续的，但铣刀每个刀齿的切削是断续的。铣刀刀齿的断续切入和切离工件时对工件造成冲击，会引起工艺系统在加工过程中的振动。

(3) 铣削时，多个刀齿同时参与切削，在各刀齿切入和切离工件的瞬间，参与切削的刀齿数目有变化，从而引起切削力的周期性变化。

(4) 铣削时切削厚度是变化的，因此切削力也会发生变化。

由于铣削的上述特点，铣削主要用于粗加工和半精加工以及有色金属材料的精加工。一般情况下，铣削的经济加工精度为 IT9 ~ IT7 级，表面粗糙度值为 *Ra* 12.5 ~ 1.6 μm；精铣时，加工精度可达 IT6 ~ IT5 级，表面粗糙度值为 *Ra* 0.4 ~ 0.2 μm。

(二) 铣床的工艺装备

1. 铣床常用的夹具和工具

对于铣床常用的工具，以介绍万能立铣头、万能分度头的结构和用途为主。对于其他工具，在钻削中已经有所介绍，所以只对其在铣床上的应用情况做简单介绍即可。

以机床用平口虎钳（下简称平口钳）为主，采用现场教学法。在教室观看有关平口钳装夹和压板装夹实践操作的视频。在实习场地，教师进行平口钳装夹工件的操作演示，讲解操作要点。

学生在教师指导下分组完成以下操作：

(1) 安装和校正平口钳

1) 同组学生相互配合，用棉纱擦净平口钳底座接合面和铣床工作台表面。

2) 用旋具卸下平口钳底面上的定位键。

3) 将平口钳紧固在工作台面上，再稍稍松开底座回转盘与钳体间的紧固螺钉，小组学生间相互配合，由一人主控，其他学生配合。

4) 先采用划针校准，待目测认为准确时再紧固钳体。

5) 用直角尺进行复检，若有缝隙，可用塞尺检测缝隙的大小，记入校正记录表。

6）再稍稍松开紧固螺钉，用铜棒或木槌轻轻敲击钳身侧面，使钳口与直角尺的测量面密合，并重新紧固。再用百分表检测，记下读数。

7）用百分表对平口钳的固定钳口进行精确校准。用铜棒或木槌轻轻敲击钳身侧面时要密切注意百分表指针的变化情况，先用手动进给校准，操作熟练后再改用机动进给进行校准。最终当钳口全长范围内百分表读数的差值控制在 0.03 mm 内，紧固钳体，再进行复检。

8）再将底座回转盘与钳体间的紧固螺钉松开，将平口钳钳身转过 90°后，更换主控人，重新进行下一轮的校正练习。

（2）用平口钳装夹工件

1）用锉刀去掉待装夹工件上的毛刺、氧化皮等，擦拭干净工件、平口钳钳口和导轨面，选择适当宽度和厚度的垫铁，在钳口上垫上事先准备好的铜皮，以防装夹工件时损伤钳口。

2）确定工件上粗基准面。

3）掌握夹紧时圆棒的使用方法。

4）加垫平行垫铁时需用铜棒敲实工件。

2．铣刀

铣刀是一种多齿刀具，尽管铣刀的种类很多，但学生在前面几章中已经对车刀的种类和结构有了非常具体的了解，而铣刀的每一个刀齿实质上就是一把变形的车刀。可以把铣刀看作是多把车刀围绕某一旋转轴线，按一定规律排列的结果。所以，在讲授铣刀及其应用前，建议先通过提问的方式复习车刀的种类及其应用。在此基础上再利用多媒体课件，讲解不同用途铣刀的结构特点和切削形式。

（三）铣削工艺方法

1．铣削用量

教师可强调以下几点：

（1）应注意背吃刀量 a_p 不能简单地像车削、刨削那样用“背吃刀量一般是指工件已加工表面和待加工表面间的垂直距离”来判定。

（2）铣削时，由于采用的铣削方法和使用的铣刀不同，铣削宽度 a_e 与背吃刀量 a_p 的表示方法也不同，必须按定义来确定。

（3）教材中表 7—2 表示了圆周铣与端铣时 a_e 和 a_p 的具体位置。由图中不难看出，无论是采用圆周铣还是端铣，铣削宽度 a_e 均表示铣削弧深。因为无论是用圆柱形铣刀进行圆周铣，还是用端铣刀进行端铣，其铣削弧深方向都垂直于铣刀轴线。

（4）教师可对进给量进行归纳。铣削中的进给量根据具体应用情况的需要，有三种不同的表达和度量方法：每转进给量 f，单位为 mm/r；每齿进给量 f_z，单位为 mm/齿；进给速度 v_f 又称每分钟进给量，单位为 mm/min。

2. 铣削方式

（1）结合视频进行讲解，之后进行课堂练习：判断表 7—1 中的铣削方式哪些是圆周铣削？哪些是端面铣削？哪些是混合铣削？

表 7—1　　判断不同加工部位采用的铣削方式

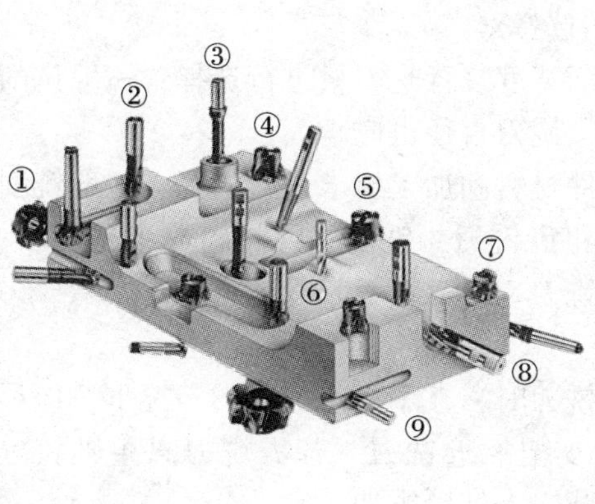

序号	周铣	端铣	混合铣
①		■	
②			■
③	■		
④		■	
⑤			■
⑥	■		
⑦		■	
⑧	■		
⑨			■

注：深色为答案。

（2）总结

铣削方式
- 周铣
- 端铣
- 混合铣

3. 铣削方法

（1）应尽可能结合现场实习、参观或视频来组织教学。

（2）在连接面的铣削中垂直面的铣削是最关键的步骤。因为，首先铣出的垂直面将与原基准面一起在后续连接面的加工中起定位基准的作用。所以，只有铣准该垂直面才能保证其他连接面铣削时的几何公差。建议在教学中不但要讲清楚加工中影响垂直度的因素，还要让学生更多地了解相应的解决方法。

（3）总结

铣削工艺方法
- 平面铣削
- 台阶铣削
- 直角槽铣削
- 特形槽铣削
- 特形面铣削

4. 铣削应遵守的基本规则

（1）铣刀的选择及装夹

1）铣刀直径及齿数的选择

①铣刀直径应根据铣削宽度、背吃刀量进行选择。一般铣削宽度越大、背吃刀量越大，铣刀直径也应越大。

②铣刀齿数应根据工件材料和加工要求进行选择。一般铣削塑性材料或粗加工时选用粗齿铣刀，铣削脆性材料或半精加工、精加工时选用中齿、细齿铣刀。

2）铣刀的装夹

①在卧式铣床上装夹铣刀时，在不影响加工的情况下，应尽量使铣刀靠近主轴、刀杆支架靠近铣刀。若需铣刀离主轴较远时，应在主轴与铣刀间安装一个辅助支架。

②在立式铣床上装夹铣刀时，在不影响铣削的情况下，应尽

量选用短刀杆。

③铣刀装夹好后，必要时应用百分表检查铣刀的径向圆跳动和端面圆跳动。

④若同时用两把圆柱形铣刀铣削宽平面时，应选螺旋方向相反的两把铣刀。

（2）工件的装夹

1）在平口钳上装夹

①要保证平口钳在工作台上的正确位置，必要时应用百分表校正固定钳口面，使其与机床工作台运动方向平行或垂直。

②工件下面要垫放适当的平行垫铁，夹紧时，应使工件紧密地靠在平行垫铁上。

③工件高出钳口或伸出钳口两端不能太多，以防铣削时产生振动。

2）使用分度头的要求

①在分度头上装夹工件时，应先锁紧分度头主轴。在紧固工件时，禁止用管子套在手柄上施力。

②在分度头与尾座两顶尖间装夹轴类工件时，应使前、后两顶尖的轴线重合。

③用分度头分度时，分度手柄应朝一个方向摇动，如果摇过位置，需反摇多于超过的距离，再摇到正确位置，以消除间隙。

④分度时，分度手柄上的定位销应慢慢插入分度盘的孔内，切勿突然撒手，以免损坏分度盘。

（3）铣削

1）铣削前将机床调整好后，应将不用的运动方向锁紧。

2）快速趋进时，靠近刀具前应改为正常的进给速度，以防工件与刀具撞击。

3）用成形铣刀铣削时，为提高刀具耐用度，铣削用量一般应比圆柱形铣刀小25%左右。

4）切断时，铣刀应尽量靠近夹具，以增加稳定性。

（四）镗削

1. 镗床

镗床是用来进行扩孔，特别是实现孔系加工的重要设备。所以，在介绍镗床时不但要让学生了解镗床各部位的结构名称，更重要的是还要让学生了解主轴、平旋盘、工作台等主要部件的运动方式和功能。为达到这一教学效果，最好通过视频教学让学生了解镗床（卧式）的工作过程以及应用情况。当学生了解了镗床的结构和运动特点后，再介绍它的加工特点，以便于学生理解和掌握。

2. 镗刀

对于镗刀种类和应用的教学，也可结合镗削过程视频资料加以介绍。

（1）双刃固定镗刀

对于尺寸固定的双刃固定镗刀，镗刀片与镗刀杆的紧固方式有采用楔块夹紧和用螺钉夹紧等。

（2）浮动镗刀

浮动镗刀可补偿因刀片装夹以及镗刀杆刚度低、弯曲所引起的径向圆跳动等误差。因此，可以获得较高的镗孔精度。

用双刃镗刀镗孔，主要适用于批量生产、加工精度要求较高的箱体类工件上直径较大孔的镗削。

3. 镗削的典型零件加工

（1）与学生共同分析单级齿轮减速器箱体和箱盖的结构，必要时可展示其立体图。

（2）按照加工步骤引导学生选择镗削设备和刀具。

（3）教师介绍镗削方法。

五、补充资料

1. 铣刀

除按用途分类外，铣刀按齿背的加工方式不同分为尖齿铣刀和铲齿铣刀。

尖齿铣刀在后面上磨出一条窄的刃带以形成后角，由于切削角度合理，刀具寿命较长。尖齿铣刀的齿背有直线、曲线和折线三种形式。其中，直线齿背常用于细齿的精加工铣刀，曲线和折线齿背的刀齿强度较高，能承受较大的切削负荷，常用于粗齿铣刀。而铲齿铣刀的后面用铲削（或铲磨）方法加工成阿基米德螺旋线的齿背，铣刀用钝后只需重磨前面，能保持原有齿形不变，用于制造齿轮铣刀等各种成形铣刀。

铣刀按结构不同可分为整体式铣刀、整体焊齿式铣刀、镶齿式铣刀和机械夹固式铣刀。整体式铣刀的刀体和刀齿由同一种材料制成；整体焊齿式铣刀的刀齿用硬质合金或其他耐磨刀具材料制成，并钎焊在刀体上；镶齿式铣刀用镶插嵌入刀体的方法将刀片紧固在刀体上；机械夹固式铣刀则是通过螺钉、压紧块、压板等机械紧固装置将刀片、刀头与刀体紧固连接在一起。

2. 安装铣刀的刀杆（或刀柄）

（1）根据铣刀规格类型选择相应的刀杆和刀柄。

（2）擦拭干净锥柄，并选择规格、长短适当的专用拉杆。应注意，拉杆过短无法拉住刀杆，太长则须在尾部多加垫圈，且尾部拉杆外伸过长会产生甩尾等不安全现象。

（3）根据刀杆长度调整悬梁伸出长度。

（4）安装并旋紧刀杆。

3. 带孔铣刀的装卸

（1）擦净铣刀、刀杆和垫圈。

（2）选择装刀位置。

（3）将垫圈和铣刀装入刀杆。

（4）安装及调整刀杆支架。

（5）锁紧主轴，旋紧铣刀。

（6）用百分表对安装好的铣刀进行检查。

（7）按与装刀相反的顺序拆卸铣刀和刀杆。

（8）将刀杆插入专用支架。

4. 顺铣与逆铣

铣削有顺铣和逆铣两种铣削方式。铣削时，铣刀对工件的作用力（铣削力）在进给方向上的分力与工件进给方向相同的铣削方式称为顺铣，与工件进给方向相反的铣削方式称为逆铣。

（1）顺铣与逆铣的比较

通过对顺铣与逆铣优缺点的对比，不难发现顺铣的优点远远多于逆铣，在实际加工中却通常都采用逆铣来进行加工，其主要原因是：在普通铣床上，工作台的运动都是采用普通丝杠传动的，因此，传动丝杠与螺母之间均存在着较大的间隙，顺铣容易使工作台产生窜动而造成打刀等事故，若把间隙调至极小(0.05 mm)，这样就可以采用顺铣进行加工了。

目前，在许多新型铣床和数控铣床中均采用间隙极小(<0.025 mm)的滚珠丝杠，所以，在数控铣床等先进铣床上加工工件时一般均采用顺铣，以充分发挥顺铣的诸多优势。

（2）顺铣与逆铣的选用

1）建议采用逆铣的情况

①铣床工作台丝杠与螺母的配合间隙较大，又不便于调整时。

②工件表面有硬质层、积渣或硬度不均匀时。

③工件表面凹凸不平较显著时。

④工件材料过硬时。

⑤背吃刀量较大时。

⑥采用阶梯铣削时。

2）建议采用顺铣的情况

①铣削不易夹牢或薄而长的工件时。

②精铣时。

③切断胶木、塑料、有机玻璃等材料时。

5. 镗床的主要运动

（1）卧式镗床的主运动是镗轴和平旋盘的回转运动。

（2）进给运动包括：镗轴的轴向进给运动，平旋盘溜板的径向进给运动，主轴箱的垂直进给运动，工作台的纵向和横向进给运动。

（3）辅助运动包括：工作台的转位，后立柱纵向调位，后支撑架的垂直方向调位，以及主轴箱沿垂直方向和工作台沿纵向、横向的快速调位运动。

6. 镗刀的种类及用途

为了使所加工的孔获得较高的尺寸精度，精加工用单刃镗刀的尺寸需要准确地调整。微调镗刀可以在机床上精确地调节镗孔尺寸，它有一个精密游标刻线的指示盘，指示盘同装有镗刀头的心杆组成一对精密丝杆螺母副机构。当转动螺母时，装有刀头的心杆即可沿定向键做直线移动，借助游标刻度，读数精度可达0.001 mm。镗刀的尺寸也可在机床外用对刀仪预调。

双刃镗刀有两个分布在中心两侧同时切削的刀齿，由于切削时产生的径向力互相平衡，可加大切削用量，生产效率较高。浮动镗刀适用于孔的精加工。它实际上相当于铰刀，能镗削出尺寸精度高、表面光洁的孔，但不能修正孔的直线性偏差。为了提高重磨次数，浮动镗刀常制成可调结构。

7. 镗削应遵守的基本规则

（1）工件的装夹

1）在卧式镗床工作台上装夹工件时，工件应尽量靠近主轴箱。

2）装夹刚度较低的工件时应使用辅助支撑，并且夹紧力要适当，以防工件装夹变形。

3）在落地镗床上加工大型工件时，要考虑工件装夹位置，以保证各加工面都能加工，并使机床主轴伸出尽量少。

（2）刀具的装夹

在装夹镗刀杆、镗刀盘时，需擦净锥柄及机床主轴锥孔。装镗刀杆时拉紧螺钉应拧紧，装镗刀盘时必须事先用对刀装置将其调整好。

（3）镗削

1）镗孔前，应将回转台及主轴箱位置锁紧。

2）在镗（扩）削铸件、锻件毛坯孔前，应先将孔端倒角。

3）当孔内需镗削环形槽（退刀槽除外）时，应在精镗孔前镗削槽。

4）镗削有位置公差要求的孔或孔系时，应先镗基准孔，再以其为基准依次加工其余各孔。

5）用悬伸镗刀杆镗削深孔或镗削距离较大的同轴孔时，镗刀杆的悬伸长度不宜过长，否则应在适当位置增加辅助支撑或用后立柱支撑。

6）在镗床工作台上需将工件掉头镗削时，掉头前应在工作台或工件上加工出辅助定位面，以便掉头后找正。

7）在镗床上用铰刀精铰孔时，应先镗孔后铰孔。

8）精镗孔时应先试镗，测量合格后才能继续加工。

9）使用带导柱铰刀时，必须注意导柱部分的清洁和润滑，防止卡死。使用浮动铰刀时，必须注意刀体与刀杆方孔浮动要灵活，镗刀杆和镗套之间润滑要充分。

10）镗削盲孔或台阶孔，进给终了时应稍停片刻再退刀。

11）在精密坐标镗床上加工时，应严格控制室温和机床系统的温度。

第八章　磨　　削

一、教学目标

1．掌握常用磨床的类型及应用，了解磨床的功能和磨削的工艺特点。

2．掌握砂轮的组成和特性，能识读砂轮的标记，了解砂轮的安装与修整。

3．了解常用磨床的磨削方法。

二、教学重点与难点

1．教学重点

万能外圆磨床的主运动与进给运动、砂轮的标记、外圆磨削方法和平面磨削方法是本章教学的重点。

2．教学难点

由于多种磨床的结构各不相同，加工方法各异，因此，在教学中要向学生讲清楚不同磨床的结构特点、主要加工方法及其磨削运动，这些是教学中的难点。识读砂轮的标记也是教学中的难点。

三、学时分配表

章节内容	建议学时
§8—1　磨床	2
§8—2　砂轮	3
§8—3　磨削方法	2

四、教学设计与建议

可先通过参观或播放视频资料让学生初步认识常用磨床，对这些磨床的结构和功能有一个基本的了解。再通过现场教学或借助幻灯片、视频进行讲解，讲清楚各种磨床的切削运动方式，讲解磨床的加工范围和工艺特点，介绍它们不同的加工方法。最后通过各种磨床加工方法和特点的对比总结不同磨床的应用，并对本章内容进行小结。

（一）磨床

让学生观察台阶轴等表面质量要求较高（$Ra \leqslant 0.8$ μm）的零件，讨论在学过的各种加工方法中能不能加工出这些表面？若能加工，生产效率和成本方面是否合理？有没有更有效的加工方法？

1. 常用磨床

（1）通过参观或观看磨床加工视频资料，导入对磨床的介绍。

（2）磨床的种类较多，磨削主要用于提高经其他金属切削机床加工过的表面的精度，所以，根据零件需要加工的表面形状不同，其结构和运动方式也有很大的不同，因此，针对认识磨床的教学最好结合视频资料来进行。在观看视频资料的基础上结合幻灯片讲解万能外圆磨床、内圆磨床及平面磨床的结构和运动方式。

（3）小结

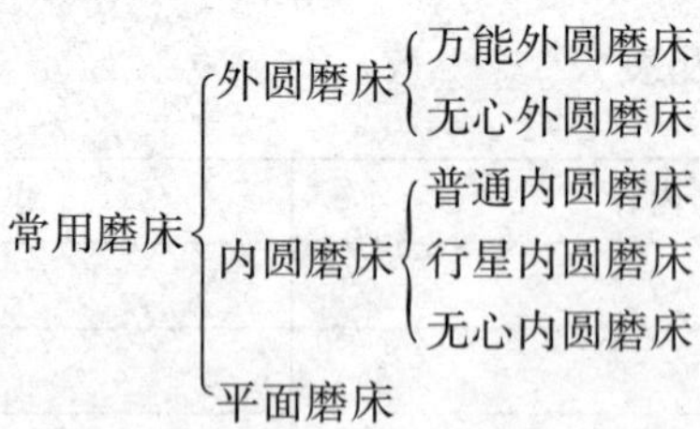

2. **磨床的功能**

磨削时所用的砂轮可以看作带有无数细微刀齿的铣刀，所以磨削是一种微屑切削的精加工方法。由于磨床本身种类众多，加之砂轮具有不同的材质、形状和规格，所以，磨削无论是对于加工对象的材质还是加工表面形状的适应能力都很强。因此，其应用范围极广，凡车削、铣削所能完成的工作内容，一般都可以通过磨削进行精加工。

3. **磨削的工艺特点**

针对磨削特点的介绍是磨床及其应用部分教学的重点，教学中应逐条进行分析和讲解，以使学生对磨削的特点及应用有更深刻的认识和了解。强调砂轮的“自锐作用”，它是砂轮具有的独特能力。

（二）砂轮

1. **砂轮的组成和特性**

（1）砂轮的组成

结合砂轮的组成图，重点讲解砂轮的三个组成要素：磨料、结合剂和气孔。强调各种类型的磨料和结合剂构成不同类型和用途的砂轮。

（2）砂轮的特性

砂轮的特性是本章的重点内容，要重点讲解，要求学生必须掌握。讲解时先让学生明确砂轮特性的 7 个要素，再逐一讲解每一个特性所涉及的知识。

1）磨料。让学生明确磨料是砂轮的主要组成部分，它是砂轮产生切削作用的根本要素。由于磨削时要承受强烈的挤压、摩擦和高温作用，所以磨料应具有极高的硬度、耐磨性、耐热性，以及相当的韧性和化学稳定性。再结合教材中的表 8—2 讲解磨料的种类和常用磨料的代号，要求学生熟记。

2）粒度。讲解砂轮粒度时，可用筛子筛砂来形象讲解：

①用筛分法确定较大磨粒的粒度，以磨粒通过筛网上每英寸

长度上的孔目数表示粒度。

②粒度号越大，磨料颗粒越细。

③对用显微镜测量来确定粒度号的微粉，是以实测到的最大尺寸并在前面冠以符号“F”来表示的。

④粒度号越小，则微粉颗粒越细。

⑤粒度选择原则是：粗磨选小粒度号，精磨选大粒度号。材料塑性大或磨削面积大选小粒度号；成形磨削宜用大粒度号。

3）硬度。教师详细讲解砂轮硬度的概念及等级代号，让学生明确砂轮的硬度由软至硬按 A、B……Y（I、O、U、V、W、X、Z 除外）共分 19 级。必须注意，砂轮的硬度与磨料的硬度是两个不同的概念，不能混淆。讲解砂轮硬度时，可补充砂轮硬度的选择原则：

①磨有色金属及用粒度号较大的砂轮时，应选较软的砂轮。

②磨削接触面大、壁薄和导热性差的工件时，应选较软的砂轮。

③在精磨和成形磨削时，应选较硬的砂轮。

4）组织。讲解砂轮组织的概念，让学生明确砂轮的组织是指砂轮内部结构的疏密程度。根据磨粒在整个砂轮中所占体积的比例不同，砂轮组织分成三大类共 15 级，可用数字标记，通常为 0 ~ 14，数字越大，表示组织越疏松。让学生能根据加工要求正确选用砂轮组织

5）结合剂。讲解结合剂的作用及其常用种类。

6）形状和尺寸。教师根据教材中的表 8—7，详细讲解砂轮的形状和尺寸，让学生能根据磨床的结构及磨削的加工需要，正确选用砂轮的尺寸规格。

7）最高工作速度。教师讲解砂轮强度的概念，让学生明确砂轮强度通常用最高工作速度表示。

2. 砂轮的标记

教师结合教材中的表 8—8 讲解砂轮标记的内容及标记顺序，

让学生能正确识读砂轮的标记。教师可举例进行讲解，如图 8—1 所示。

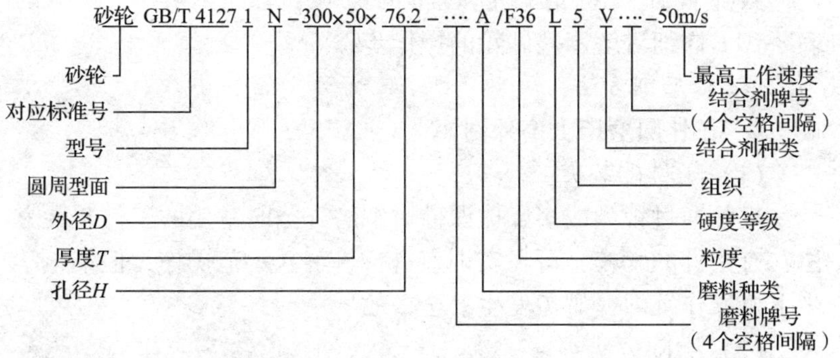

图 8—1　砂轮的标记

3．砂轮的安装和修整

教师可通过视频或多媒体课件详细讲解砂轮安装和修整的步骤及注意事项，让学生掌握安装砂轮、平衡砂轮和修整砂轮的内容。有条件的学校，教师可在实训室进行讲解并示范操作，并让学生进行实训练习，真正掌握所学知识。

（1）砂轮的安装

1）安装砂轮前，让学生明确必须检查砂轮是否有裂纹，避免把有裂纹的砂轮装到法兰盘上。教师可示范检查砂轮是否有裂纹的操作方法。

2）让学生牢记安装砂轮时，在砂轮两侧都要放衬垫，避免不放衬垫直接安装砂轮。

3）紧内六角螺钉时，按对角顺序逐步拧紧。

（2）平衡砂轮

1）让学生明确，新的砂轮安装好以后要校正平衡，以使砂轮的重心与旋转中心重合，抵消砂轮的离心力，以使砂轮在高速旋转下不会产生振动，从而保证磨削质量。

2）教师结合教材中的表 8—10，通过视频或者实际操作详细讲解砂轮静平衡的操作步骤。

（3）修整砂轮

教师首先要讲清修整砂轮的意义，然后结合教材中的表 8—11 详细讲解修整砂轮的操作步骤。

（三）磨削方法

1. 在外圆磨床上磨外圆

（1）工件的装夹

教师通过视频或多媒体课件讲解磨外圆时常用的工件装夹方法，有条件的学校，可在实训室进行讲解并示范操作，但禁止学生上机操作练习，避免发生安全事故。

（2）磨削方法

教师通过视频或多媒体课件并结合教材中的表 8—12，讲解外圆磨削常用四种（纵向磨削法、横向磨削法、综合磨削法和深度磨削法）方法的主运动、进给运动、磨削过程、磨削特点及应用。有条件的学校可让学生到实训室进行参观学习。参观时，教师根据实际机床操作，详细讲解每种磨削方法的磨削过程和特点。参观时，禁止学生站立在砂轮切线方向。

2. 在外圆磨床上磨内圆

（1）内圆磨削方法

教师通过视频或多媒体课件并结合教材中的表 8—13，讲解内圆磨削两种方法（纵向磨削法、横向磨削法）的主运动、进给运动、磨削过程、磨削特点及应用。有条件的学校可让学生到实训室进行参观学习。参观时，教师根据实际机床操作，详细讲解每种磨削方法的磨削过程和特点。参观时，禁止学生站立在砂轮切线方向。

（2）内圆磨削的特点

教师根据内圆磨削的条件讲解内圆磨削的特点。

1）内圆磨削一方面受工件孔径大小、砂轮和砂轮接长轴直径的限制，磨削速度很难提高；另一方面磨具刚度较差，容易振动，使加工质量和生产效率受到影响。

2）冷却液很难冲到工件孔内部，所以砂轮容易堵塞、磨钝；磨削工件孔的内部表面时，不易观察。

3）让学生明确，在万能外圆磨床上用内圆磨头磨削内圆主要用于单件、小批量生产，在大批量生产中则宜使用内圆磨床磨削。

3. 在外圆磨床上磨外圆锥

教师重点讲解在外圆磨床上磨外圆锥的方法，明确每种方法的使用场所。

4. 在平面磨床上磨平面

（1）平面磨削方式与应用特点

教师结合教材中的表8—15，详细讲解平面磨削的三种方式，让学生明确每种磨削方式的主运动、进给运动、特点及应用场所。

（2）平面磨削方法

教师结合教材中的表8—16，详细讲解平面磨削的三种方法（横向磨削法、深度磨削法及阶梯磨削法），让学生明确三种方法的磨削过程、特点及应用。

（3）工件的装夹

1）平面磨削时工件的装夹。让学生明确平面磨削时，一般采用电磁吸盘紧固工件。

2）垂直面磨削时工件的装夹。教师详细讲解保证两垂直面的方法。

3）让学生明确平面磨削时工件装夹的注意事项。

五、补充资料

1. 常用磨床的主要技术参数

（1）M1432B型万能外圆磨床的主要技术参数（见表8—1）

表 8—1　M1432B 型万能外圆磨床的主要技术参数

<table>
<tr><th>主要技术参数</th><th colspan="2">参数值</th></tr>
<tr><td>最大磨削直径</td><td colspan="2">320 mm</td></tr>
<tr><td>最大磨削长度</td><td colspan="2">1 000 mm、1 500 mm</td></tr>
<tr><td>最大磨削内圆直径</td><td colspan="2">100 mm</td></tr>
<tr><td>最小磨削内圆直径</td><td colspan="2">13 mm</td></tr>
<tr><td>头架的顶尖孔锥度</td><td colspan="2">莫氏 4 号</td></tr>
<tr><td>头架主轴转速（6 级）</td><td colspan="2">25 r/min、50 r/min、80 r/min、112 r/min、160 r/min、224 r/min</td></tr>
<tr><td>头架回转角度（逆时针）</td><td colspan="2">90°</td></tr>
<tr><td>三爪自定心卡盘直径</td><td colspan="2">165 mm</td></tr>
<tr><td>砂轮尺寸（外径×厚度×孔径）</td><td colspan="2">400 mm×50 mm×203 mm</td></tr>
<tr><td>砂轮主轴转速</td><td colspan="2">1 670 r/min</td></tr>
<tr><td>砂轮架快速进退量</td><td colspan="2">50 mm</td></tr>
<tr><td>砂轮架横向进给量</td><td colspan="2">0.002 5 mm/格</td></tr>
<tr><td>砂轮架回转角度</td><td colspan="2">±30°</td></tr>
<tr><td>工作台最大回转角度（顺时针/逆时针）</td><td colspan="2">3°/6°</td></tr>
<tr><td>工作台纵向速度</td><td colspan="2">0.05～4 m/min</td></tr>
<tr><td>内圆磨具转速</td><td colspan="2">10 000 r/min、15 000 r/min</td></tr>
<tr><td rowspan="5">磨床工作精度
（两顶尖间磨削）</td><td>圆度</td><td>0.005 mm</td></tr>
<tr><td rowspan="3">圆柱度</td><td>0.003 mm/160 mm</td></tr>
<tr><td>0.005 mm/320 mm</td></tr>
<tr><td>0.008 mm/750～1 000 mm</td></tr>
<tr><td>表面粗糙度值</td><td>Ra0.8～0.2 μm</td></tr>
</table>

（2）M7120A 型平面磨床的主要技术参数（见表 8—2）

表 8—2　M7120A 型平面磨床的主要技术参数

<table>
<tr><th colspan="3">主要技术参数</th><th>参数值</th></tr>
<tr><td colspan="3">加工工件最大尺寸（长度×宽度×高度）</td><td>630 mm×200 mm×320 mm</td></tr>
<tr><td colspan="3">磨头中心至工作台面距离</td><td>100～445 mm</td></tr>
<tr><td colspan="2" rowspan="2">磨头横向移动量</td><td>手动</td><td>250 mm</td></tr>
<tr><td>液动</td><td>235mm</td></tr>
<tr><td colspan="3">工作台移动速度</td><td>1～18 m/min</td></tr>
<tr><td colspan="3">砂轮尺寸（外径×厚度×孔径）</td><td>250 mm×25 mm×75 mm</td></tr>
<tr><td rowspan="7">磨床工作精度</td><td colspan="2">整块磨削等厚允差</td><td>0.005 mm/300 mm</td></tr>
<tr><td colspan="2">最大允差</td><td>0.03 mm</td></tr>
<tr><td rowspan="4">多块磨削等厚允差</td><td>工件间距≤1 000 mm</td><td>0.005 mm/300 mm</td></tr>
<tr><td><300 mm</td><td>按比例折算</td></tr>
<tr><td>最小允差</td><td>0.001 mm</td></tr>
<tr><td>最大允差</td><td>0.05 mm</td></tr>
<tr><td colspan="2">表面粗糙度值</td><td>Ra≤0.2 μm</td></tr>
</table>

2. 磨削用量

外圆磨削的磨削用量包括磨削速度、背吃刀量、纵向进给量和工件的圆周速度。

（1）磨削速度又称切削速度，即砂轮的圆周速度，为砂轮外圆表面上任一磨粒在 1 s 内所通过的路程，即：

$$v_c = \frac{\pi D_0 n_0}{1\ 000 \times 60}$$

式中　v_c——磨削速度，m/s；

D_0——砂轮直径，mm；

n_0——砂轮转速，r/min。

一般磨床的砂轮主轴只有一种速度，一般为 30～35 m/s，操作时无选择的余地，随着砂轮磨损而直径变小，砂轮的圆周速度也变小，砂轮的磨削性能逐渐变差，直接影响磨削质量和生产效率，此时应更换砂轮。

(2) 对于外圆磨削，背吃刀量又称横向进给量，即工作台每次纵向往复行程终了时，砂轮在横向移动的距离。背吃刀量大，生产效率高，但对磨削精度和表面粗糙度不利。通常，粗磨外圆时，背吃刀量为0.025～0.01 mm；精磨外圆时，背吃刀量为0.005～0.015 mm。

(3) 外圆磨削时，纵向进给量f是指工件每回转一周，沿自身轴线方向相对砂轮移动的距离。纵向进给量受砂轮厚度的约束，粗磨时$f=(0.3\sim0.85)T$；精磨时$f=(0.2\sim0.3)T$（T为砂轮厚度，单位为mm；f为纵向进给量，单位为mm/r）。

(4) 工件的圆周速度v_w是指圆柱面磨削时，工件待加工表面的线速度，又称工件圆周进给速度，即：

$$v_w=\frac{\pi D_w n_w}{1\ 000\times60}$$

式中 v_w——工件的圆周速度，m/min；

D_w——工件直径，mm；

n_w——工件转速，r/min。

粗磨时，$v_w=20\sim85$ m/min；精磨时，$v_w=15\sim50$ m/min。

3. 磨削应遵守的基本规则

(1) 工件的装夹

1) 轴类工件装夹前应检查中心孔，不允许有椭圆、棱圆、碰伤、毛刺等缺陷，并把中心孔擦拭干净。经过热处理的工件须修复好中心孔，进行精磨的工件其中心孔应经研磨，并加好润滑油。

2) 在两顶尖间装夹轴类工件时，装夹前要调整好尾座，使两顶尖的轴线重合。

3) 在内圆、外圆磨床上磨削易变形的薄壁工件时，夹紧力要适当，在精磨时应适当放松夹紧力。

4）在内圆、外圆磨床上磨削偏重工件，装夹时应加好配重，保证磨削时的平衡。

5）在外圆磨床上用尾座顶尖顶紧工件进行磨削时，其顶紧力应适当，磨削中还应根据工件的胀缩情况调整顶紧力。

6）在外圆磨床上磨削细长轴时，应使用中心架，并调整好中心架与头架、尾座的同轴度。

7）在平面磨床上用电磁吸盘吸住磨削支撑面较小或高度较高的工件时，应在适当位置增加挡铁，以防磨削时工件飞出或倾倒。

（2）砂轮的选用和安装

1）根据工件的材料、硬度、精度和表面粗糙度的要求合理选用砂轮牌号。

2）安装砂轮时，不准使用两个尺寸不同或不平整的法兰盘，应在法兰盘与砂轮之间放入橡皮、牛皮等弹性垫。

3）装夹砂轮时，必须在修砂轮的前后进行静平衡，并在砂轮装好后进行空运转试验。

4）修砂轮时应不间断地使用切削液，以免金刚石因骤冷、骤热碎裂。

（3）磨削

1）磨削工件时，应先开动磨床，根据不同室温，空运转时间一般不少于5 min，然后进行磨削。

2）在磨削过程中不得中途停车，若要停车，必须先停止进给并退出砂轮。

3）砂轮使用一段时间后，如果发现工件产生多棱形振痕，应拆下砂轮重新校平衡后再使用。

4）磨削细长轴时不应使用切入法（横向磨削法）磨削。

5）在平面磨床上磨削薄片工件时，应多次翻面磨削。

6）由干磨转为湿磨或由湿磨转为干磨时，砂轮应空转

2 min 左右，以散热或除去水分。

7）在无心磨床上磨削工件时，应调整好砂轮与导轮之间的夹角及支板的高度，试磨合适后方可磨削工件。

8）在立轴平面磨床及导轨磨床上采用端面磨削法精磨平面时，砂轮轴必须调整到与工作台垂直或与导轨移动方向垂直。

9）磨深孔时，磨杆刚度要高，砂轮转速要适当降低。

10）磨锥面时，要先调好工作台的转角；在磨削过程中要经常用锥度量规检查。

11）在精磨结束前，应进行无进给量的多次进给，直至无火花时为止。

第九章　刨削、插削和拉削

一、教学目标

1. 了解刨床、插床、拉床的种类、结构、加工范围和工艺特点。

2. 了解刨削时工件和刨刀的装夹方法。

3. 了解刨削方法、插削方法和拉削方法。

二、教学重点与难点

1. 教学重点

讲解刨床、插床、拉床等机床的应用范围和加工特点，让学生了解它们的用途是本章教学的重点。

2. 教学难点

由于刨床、插床和拉床的结构各不相同，加工方法各异，因此，在教学中要向学生讲清楚不同机床的结构特点和加工方法，这些是教学中的难点。

三、学时分配表

章节内容	建议学时
§9—1　刨削	2
§9—2　插削	1
§9—3　拉削	1

四、教学设计与建议

可先通过参观或播放视频资料让学生初步认识刨床、插床和拉床，对这些机床的结构和功能有一个基本的了解。再通过现场教学或借助幻灯片、视频进行讲解，讲清楚各机床的切削运动方式，讲解机床的主要工作内容和加工特点，介绍它们各自的加工方法。最后通过各机床加工方法和特点的对比总结不同机床的应用，并对本章内容进行小结。

让学生观察带内齿槽、内键槽等零件，并讨论在已经学过的各种加工方法中能不能加工出这些表面，若能加工，生产效率和成本方面是否合理，有没有更有效的加工方法，再通过参观或观看刨床、插床和拉床等机床加工视频资料，导入对这些机床及应用的介绍。

（一）刨削

尽可能结合现场参观进行教学。

1. 刨床

通过现场认识刨床或借助多媒体课件认识刨床，并讲解牛头刨床和龙门刨床的结构。充分利用视频及多媒体课件来介绍两种典型刨床的主运动与进给运动的方式及动作特点。

对于刨床的应用范围和加工特点，可对照多媒体课件详细介绍刨平面、刨垂直面、刨直角槽等刨床主要应用内容的工作过程，以及工作过程中刀具和工件间的运动关系，再结合这些加工内容总结刨削加工的特点。

2. 刨刀的装夹

根据刨刀的分类介绍相应的用途和对应的加工方法。刨刀的几何形状和结构与车刀相似，但由于刨削为断续切削，刨刀在切入时受到较大的冲击力，这就要求刨刀具有较高的强度。刨刀采用和车刀同步的对比法讲解。可从以下几个方面进行对比讲解：

（1）刨刀刀柄的横截面积一般比车刀大 1.25 ~ 1.5 倍。

（2）刨刀的前角 γ_o 比车刀稍小，刃倾角 λ_s 一般取较大的负值（$-20° \sim -10°$）。

（3）刨刀的刀柄常做成弯形的，其刀尖不会像直头刨刀那样，因为当刀柄受力产生弹性弯曲变形后，可绕 O 点转动而使切削刃抬起，避免损坏刀头或扎刀。尤其是加工较硬材料时通常做成弓形。

（二）插削

插床与刨床的切削方式相同，插床实际上是一种立式刨床，实际生产中也将插床称为“立刨”。所以，讲解插床及其应用时，可在对刨床及其应用了解的基础上重点介绍其在结构、运动和应用范围上与刨床存在的不同之处，从而使学生通过对比更好地了解和掌握相关内容。

讲解插削的主要内容时不要直接讲解，而应结合插削的特点，通过逆向分析法，逐步讲解得出以下关键知识要点：

第一，插削的效率和精度都不高，故在批量生产中常用铣削或拉削代替插削。

第二，插刀制造简单，生产准备时间短，故插削适用于在单件、小批量生产中加工内孔键槽或花键孔，也能加工方孔和多边形孔。

第三，对于盲孔或有碍台阶的内孔键槽，插削几乎是唯一的加工方法。

尽可能结合现场参观进行教学，采用和刨削同步的对比法讲解。可从以下几个方面进行对比讲解：

1. 刨削与插削概念的区别

刨削是用刨刀对工件做水平相对往复直线运动的切削加工方法；而插削是用插刀对工件做垂直相对往复直线运动的切削加工方法。

2. 刨削与插削的共同点

(1) 主运动都是往复直线运动

牛头刨床和插床的主运动都是刀具（刨刀或插刀）的往复直线运动，而龙门刨床的主运动则是工作台（工件）的往复直线运动。

(2) 进给运动都是间歇的移动

刨削与插削的进给运动都是在每一次往复运动结束后到下一次工作行程开始前的间歇中完成的，切削时无进给运动，因此刀具的切削角不变。

(3) 刀具都是单刃刀具

刨刀和插刀都是单刃刀具，制造和刃磨较容易，价格低廉。

(4) 切削时都有冲击负荷，切削过程都有空行程

由于主运动为往复直线运动，切削过程不能连续，每次刀具切入与切离工件时必然存在冲击，加上机构往复变向时的惯性影响，限制了切削速度的提高。此外，由于存在空行程的时间损失，刨削与插削的生产效率较低，主要用于单件、小批量生产。

3. 刨削与插削的不同点

(1) 刨削与插削的切削方向不同，刨削为水平切削，插削为垂直切削。

(2) 刨削以加工工件外表面上的平面、槽为主；插削以加工工件内表面上的平面、槽（如方孔、孔内键槽、花键孔等）为主。

(3) 由于插削以内表面加工为主，工作行程受刀柄刚度限制，不宜过长；而刨削以加工外表面为主，在机床允许的工作范围内，增大工作行程有利于提高切削效率，如刨削狭长的导轨平面等。

(4) 刨床刀架有抬刀机构，返程时可避免刀具与工件的摩擦；而插床刀架无抬刀机构，工作台也没有让刀机构，因此，插

刀回程时不可避免地要与工件发生摩擦，工作条件较差。

4. 对比强调刨削和插削应遵守的基本规则

（1）刀具的装夹

1）装夹刨刀时，刀具伸出的长度应尽量短，并注意刀具与工件的凸出部分不要相碰。

2）插刀杆应与工作台面垂直。

3）装夹插槽刀、成形插刀时，其主切削刃中线应在圆工作台中心平面上。

4）装夹平头插刀时，其主切削刃应与横向进给方向平行，以保证槽底与侧面的垂直度。

（2）工件的装夹

1）工件在平口钳上装夹时，应保证平口钳在工作台上的正确位置，必要时采用百分表进行校正。夹紧工件时，应使工件与其下面的平行垫铁靠紧。工件高出钳口或伸出钳口两端不应太多，以保证夹紧可靠。

2）同时加工多件划线毛坯时，必须将各毛坯的加工线校正在同一平面上。

3）在刨床工作台上装夹较高的工件时应增加辅助支撑，以使装夹牢固、可靠。

4）工件装夹后，应先用点动开车，检查各部位是否碰撞、干涉，然后校正行程长度。

（3）切削

1）刨削薄板类工件时，应根据余量情况多次翻面装夹及加工，以减少工件的变形。

2）刨削、插削有空刀槽的面时应降低切削速度，并严格控制刀具的行程。

3）精刨时，若发现工件表面有波纹或有不正常声音，应立即停机检查。

4）在龙门刨床上应尽量采用多刀刨削。

（三）拉削

拉削内容参照刨削和插削，采用对比法讲解。

1. 拉床

在介绍拉床时不但要让学生了解拉床各部位的结构名称，更重要的是还要让学生了解主要部件的运动方式和功能。为达到这一教学效果，最好通过视频教学让学生了解拉床的工作过程以及应用情况。

当学生了解拉床的结构特点和运动特点后，再介绍其加工特点，以便于学生理解和掌握。

2. 拉刀

对于拉刀的种类和应用的教学，可结合拉削过程视频资料加以介绍。

尽可能结合现场参观进行教学，采用和刨削同步的对比法讲解。

五、补充资料

1. 牛头刨床的结构

（1）底座

底座用来安装（支撑和平衡）刨床。

（2）床身

床身安装在底座上，主要用来支撑和连接各零部件。其顶面的水平导轨供滑枕做水平往复直线运动，侧面导轨供带动工作台的横梁做升降运动。另外，床身内部还装有控制滑枕速度、行程长度的变速机构和摇臂机构。

（3）滑枕

滑枕主要用来带动刀架（或刨刀）沿水平方向做往复直线运动，其运动快慢、行程长度、起始位置均可调整。

（4）横梁

横梁主要用来带动工作台做上下和左右进给运动，其内部有丝杠螺母副。

（5）工作台

工作台主要用来直接安装工件或装夹工件的夹具，台面上有 T 形槽，供安装螺栓压板和夹具用。

（6）刀架

刀架主要用来夹持刀具，转动刀架进给手柄，刀架可上下移动，以调整刨削深度或加工垂直面时做进给运动。松开转盘上的螺母，将转盘扳转一定角度后可使刀架做斜向进给，以加工斜面。滑板上装有可偏转的刀座，其上的抬刀板可使刨刀在回程时抬起，以使刨刀在回程时的摩擦阻力减小，并防止划伤已加工表面。

2. 拉削应遵守的基本规则

（1）拉孔前，应将拉床的托刀架调整到与工件孔同轴的位置。

（2）拉削前，拉床应先进行试运转，调整好拉床的油压和拉削速度。拉削中要经常注意拉床压力表指针位置的变化情况，发现表压直线上升时，应立即停车检查。

（3）拉削时，拉刀同时工作的齿数不得少于 3 个，以保持拉削的稳定性。对拉削长度小于拉刀两个齿距的工件，可以用夹具把几个相同的工件紧固在一起进行拉削。

（4）拉削内表面时，拉刀的前导向部分应全部穿入工件孔内。

（5）拉削时，其拉削长度不得超过拉刀所规定的长度范围。

（6）对于长且重的拉刀，从拉削开始到行程一半以上都应用有顶尖的中心架支撑，以减少拉刀的摆尾现象。

（7）在拉削较大钢质工件的孔时，切削液不仅应喷注在刀齿上，而且在工件外表面也应施以足够的切削液。

（8）拉削完一个工件后，应使用铜丝刷顺着刀齿的齿槽清除附着在拉刀上的切屑，严禁使用钢丝刷，也不准使用棉纱。

（9）拉削普通结构钢、铸铁及有色金属工件时，一般粗拉削的切削速度为3～7 m/min，精拉削的切削速度应小于3 m/min。

（10）拉刀用完后应垂直悬挂，严防与其他金属物相碰。

第十章　齿 轮 加 工

一、教学目标

1. 了解齿面切削加工方法的原理和特点。
2. 了解齿轮无屑加工方法的原理和特点。

二、教学重点与难点

1. 教学重点

讲解各种齿轮加工方法的应用范围和加工特点，让学生了解它们的用途及应用范围是本章教学的重点。

2. 教学难点

由于各种加工方法不同，因此，在教学中要向学生讲清楚不同加工方法所具有的特点，这些是教学中的难点。

三、学时分配表

章节内容	建议学时
§10—1　圆柱齿轮的切削加工	2
§10—2　锥齿轮的切削加工	1
§10—3　齿轮的无屑加工	1

四、教学设计与建议

尽可能结合现场参观进行教学。

可选择一个比较典型的齿轮零件，先让学生进行课堂讨论，齿面的切削加工过程中都要用到哪些机床？哪些加工方法？从而自然引入齿面加工方法的问题中。

教师结合学生的讨论进行总结，并给出齿面加工方法的选择，这必然要涉及零件的加工精度、表面质量要求，材质、毛坯的选择，生产类型、生产效率、经济性等一系列具体的问题。

再充分利用图表、幻灯片及视频资料来介绍齿面加工方法及特点。齿面加工的方法较多，所涉及的（专用）设备及运动方式比较复杂。所以，在教学时最好结合视频资料进行介绍和讲解，以便使学生通过比较直观的画面对具体的加工方法和所用设备进行了解。在学生对设备和方法有了基本了解的基础上，再对各种加工方法的应用范围进行分析和总结。

讲解过程中可参照表10—1对加工圆柱齿轮的各种切削加工方法进行对比介绍。

表10—1　　切销加工方法

<table>
<tr><th colspan="2">类型</th><th>加工精度</th><th>生产效率</th><th>适用范围</th></tr>
<tr><td rowspan="3">成形法</td><td>铣齿</td><td>通常9～11级</td><td>低</td><td>一般用于修配或简单地制造一些低速、低精度的齿轮</td></tr>
<tr><td>拉齿</td><td>通常6～8级</td><td>高</td><td>适用于大批量生产，尤其是内齿轮的加工</td></tr>
<tr><td>磨齿</td><td>通常5～6级</td><td>较高</td><td>适用于淬火齿形的大批量生产和加工</td></tr>
<tr><td rowspan="5">展成法</td><td>插齿</td><td>通常7～9级</td><td>较高</td><td>适用于加工内外啮合的圆柱齿轮，如双联齿轮、三联齿轮，齿条和锥齿轮等</td></tr>
<tr><td>滚齿</td><td>通常6～8级，特精滚齿4级</td><td>较高</td><td>应用广泛，常用于加工直齿轮、斜齿轮及蜗轮等</td></tr>
<tr><td>剃齿</td><td>通常5～7级</td><td>高</td><td>常用于滚齿、插齿后，淬火前的精加工</td></tr>
<tr><td>珩齿</td><td>通常5～7级</td><td>低</td><td>常用于剃齿后或高频淬火后的齿形精加工</td></tr>
<tr><td>磨齿</td><td>通常3～6级</td><td>较低</td><td>常用于齿轮淬火后的精加工</td></tr>
</table>

齿轮加工方案的选择主要取决于齿轮的精度等级、生产批量和热处理方法等。下面提出齿轮加工方案选择时的几条原则，以供参考：

1. 对于8级及8级以下精度的不淬硬齿轮，可用铣齿、滚齿或插齿直接达到加工精度要求。

2. 对于8级及8级以下精度的淬硬齿轮，需在淬火前将精度提高一级，其加工方案可采用：滚（插）齿→齿端加工→齿面淬硬→修正内孔。

3. 对于6~7级精度的不淬硬齿轮，其齿轮加工方案：滚齿→剃齿。

4. 对于6~7级精度的淬硬齿轮，其齿形加工一般有两种方案：

（1）剃→珩磨方案。滚（插）齿→齿端加工→剃齿→齿面淬硬→修正内孔→珩齿。剃→珩方案生产效率高，广泛用于7级精度齿轮的成批生产中。

（2）磨齿方案。滚（插）齿→齿端加工→齿面淬硬→修正内孔→磨齿。磨齿方案生产效率低，一般用于6级精度以上的齿轮。

5. 对于5级及5级精度以上的齿轮，一般采用磨齿方案。

6. 对于大批量生产，用“滚（插）齿→冷挤齿”的加工方案，可稳定地获得7级精度齿轮。

对于锥齿轮的切削加工、齿轮的无屑加工等内容的教学，在结合视频等资料的基础上，以介绍为主，使学生对这些加工方法有大致了解即可。

第十一章　数控加工与特种加工

一、教学目标

1. 了解数控技术的基本概念，掌握数控机床的组成，能够识别数控机床的各组成部分及其作用，并理解数控机床的工作过程。

2. 熟悉常见数控机床的类型、特点及应用。

3. 掌握数控加工程序的概念及其编制过程。

4. 掌握数控加工工艺制定的过程与内容。

5. 了解特种加工的种类。

6. 了解常见特种加工的工作原理与应用范围。

二、教学重点与难点

1. 教学重点

第一节重点讲述了数控机床的组成及其工作过程，目的是让学生初步认识数控机床。学习典型数控机床的分类及应用，目的是让学生了解数控机床的种类，掌握常用数控机床的特点及用途。学习数控加工程序及其编制过程，目的是让学生掌握数控加工程序的概念，了解数控编程常用的方法，熟悉数控编程的步骤。

第二节重点讲述了数控加工工艺制定的过程与内容，目的是让学生掌握数控加工工艺制定的过程与内容。

第三节重点讲述了常见特种加工的工作原理与应用范围，目的是让学生了解常见特种加工的种类、工作原理及其应用范围。

2．教学难点

数控机床的工作过程较难理解，授课时教师要结合视频或者参观数控机床加工过程进行讲解。数控加工工艺的制定也是本章的教学难点，授课时教师可对比普通加工工艺进行讲解，使学生掌握数控加工工艺的制定过程与内容。

电火花加工原理也是本章的教学难点，很多学生不理解电火花加工放电的过程，教师要重点讲解。

三、学时分配表

章节内容	建议学时
§11—1　数控机床概述	4（含2个参观学时）
§11—2　数控加工工艺	3
§11—3　特种加工	1

四、教学设计与建议

（一）数控机床概述

1．现场参观

为了激发学生的学习兴趣，教师在讲授新课之前，可安排学生参观数控车间或观看数控加工视频。为了加深学生对数控机床的认识，参观（观看）前，教师最好布置一些问题，如数控车床与普通车床在结构上有哪些不同？数控铣床与普通铣床在结构上有哪些不同？数控机床是如何工作的？让学生带着问题去参观（观看）。参观（观看）过程中，教师应进行适当的启发和讲解，让学生主动思考，找出问题的答案。

通过现场参观或观看视频资料，学生对数控机床的结构和工作过程有了初步的感性认识。在此基础上，教师以讲授为主，从数控技术的基本概念、数控机床的组成及各组成部分的作用、数控机床的加工过程、数控机床的特点等内容进行讲解，引导学生从多方面认识数控机床，使学生对数控机床有一个初步的理性认识。

2. 数控技术的基本概念

教师详细讲授数字控制、数控技术、数控系统、计算机数控系统、数控机床等概念的定义，着重强调数控是数字控制的简称，是一种用数字化信号进行控制的自动控制技术，而数控机床是按加工要求预先编制的程序，由控制系统发出数字信息指令对工件进行加工的机床。教师可对数字化信号进行简要的介绍，使学生了解数控机床的工作特点。

3. 数控机床的组成

根据学生参观的内容，教师采用启发式教学，讲解数控机床的组成及各组成部分的作用。如讲解控制介质时，教师可启发学生回答问题“数控机床是依靠加工程序加工零件的，加工程序是通过什么装置输入到数控装置呢?”，通过学生的回答，教师讲授控制介质的作用及种类。

为了便于学生理解，建议教师边讲解边绘制数控机床组成框图，并着重强调控制介质、数控装置、伺服系统、测量反馈装置等组成部分的作用。

4. 数控机床的工作过程

数控机床是在普通机床的基础上发展起来的，在数控机床上加工零件与普通机床上加工零件本质相同，只不过机床的控制方式不同。数控机床由数控系统通过加工程序进行控制，普通机床则由机床操作者人工控制。为此，教师启发学生思考、讨论问题“在普通机床（车床）上加工零件的一般过程是什么?”教师根据学生回答，概括出在普通机床上加工零件的过程，然后从普通机床加工零件的一般过程引入到数控机床加工零件的一般过程，如图 11—1 所示。

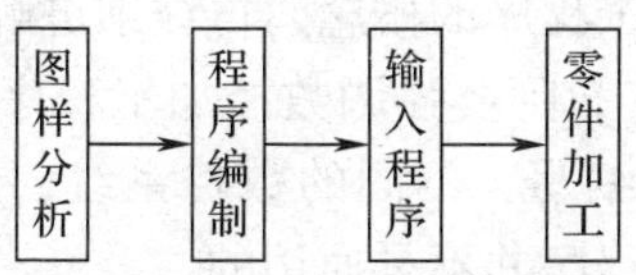

图 11—1 数控机床加工零件的一般过程

此处，教师绘制出数控机床加工零件的一般过程，并进行简要说明即可，主要是帮助学生建立数控机床加工过程的初步印象。

5. 数控机床的特点

由于数控机床加工零件的过程由数控系统通过加工程序来进行控制，与普通机床相比，必然具有其自身的特点。

教师根据学生参观（或观看）感受及平时所见所闻，讲解数控机床的特点，并进行提炼概括，例如，数控机床具有适应性强、加工精度高、生产效率高、自动化程度高、劳动强度低等特点，以避免空洞乏味的说教。

6. 常用数控机床的类型和特点

教师通过多媒体课件或视频展示常见数控机床的图片进行讲解，让学生了解常见数控机床的特点及用途。

7. 典型数控机床的分类及应用

教师通过展示数控车床、数控铣床、加工中心的图片或加工视频，并结合教材内容详细讲解这三类典型数控机床的分类方法及应用。

8. 数控加工程序及其编制过程

通过数控加工程序的概念、数控编程的方法、数控编程的步骤等内容的教学，让学生掌握数控编程的步骤。由于概念较多，为了便于学生理解，教师讲授时应采用启发式教学，教学效果会更好。

(1) 数控加工程序的概念

讲授该部分知识时，教师首先引导学生回顾数控机床工作的过程，引出数控加工程序的概念。再详细讲解概念中的要点：

1）规定格式。教师要强调数控加工程序必须按照数控系统所规定的格式进行编写，不同的数控系统，规定格式可能不相同，因此数控加工程序并不是通用的。

2）描述零件几何形状和加工工艺。说明了数控加工程序所包含内容并不仅仅是刀具轨迹，还包含了所用刀具、刀具运动轨迹与速度、主轴转速与旋转方向、冷却等辅助操作以及相互间的先后顺序等信息。

（2）数控编程的方法

教师讲授时，先引导学生学习数控编程、手工编程、自动编程的概念，再引导学生学习手工编程的意义和自动编程常用的方法。在讲解自动编程时，教师可简要介绍几种常用的自动编程软件，或通过课件演示自动编程软件的使用过程，激发学生的学习兴趣。

（3）数控编程的步骤

这个知识点既是本次课的教学重点，又是教学难点。教师可先通过多媒体课件展示教材图 11—17，让学生明确数控编程的 6 个步骤，再逐一讲解每个步骤所要处理的内容。教师也可通过具体实例，逐一讲解编程的步骤。

1）分析零件图样。教师明确告诉学生拿到零件图样后，应准确地识读零件图样表述的各种信息，主要包括零件的材料、形状、尺寸、精度、批量、毛坯形状和热处理要求等；通过识读上述信息，确定该零件是否适合在数控机床上加工，或适宜在哪种数控机床上加工，甚至还要确定零件的哪几道工序在数控机床上加工。

2）确定工艺过程。教师详细讲授工艺过程，包括：工艺分析，选定机床、刀具和夹具，确定零件加工的工艺路线、工步顺序，确定切削用量等工艺参数。

3）数值计算。为了描述零件的加工轨迹，编程时需要计算出零件轮廓的坐标值。教师讲授时，让学生明确计算加工轨迹要依据零件图样、加工路线和零件加工允许的误差。对于形状比较简单的零件，轮廓加工编程时要计算出基点的坐标值。对于形状比较复杂的零件，需要用直线段或圆弧段逼近，根据要求的精度计算出其节点的坐标值，后者一般要用计算机来完成数值的计算工作。教师要详细讲解基点与节点的概念，并通过多媒体课件展示零件图中哪些点是基点、哪些点是节点。

4）编写程序。加工路线、工艺参数及刀具数据确定以后，编程人员可以编写加工程序。教师要强调，编程时一定要根据所用数控系统规定的功能指令代码及编程格式进行编写，完毕后，要校核程序的正误，是否能满足加工的要求。

5）制作控制介质。把编制好的程序内容记录在控制介质上，作为数控装置的输入信息，通过手工输入或通信传输送入数控系统。教师要强调，输入程序时，一定要细心，避免输入错误或漏掉负号、小数点等符号。输入完毕后，要逐行检查。

6）程序校验与试切。教师要强调编制好的加工程序必须经过校验和试切才能正式使用。未经校验和试切的加工程序，不一定能满足加工的要求。

教师详细讲授校验程序加工轨迹常用的两种方法：用空运行或图形模拟（仿真）来验证程序的加工轨迹是否正确。

但空运行和图形模拟不能查出被加工零件的加工精度，教师明确告诉学生经过验证轨迹正确的加工程序，必须进行首件试切来验证加工程序是否满足零件加工精度的要求。当发现有加工误差时，应分析误差产生的原因，找出问题所在，加以修正。

（二）数控加工工艺

本次课主要通过零件的工艺分析、选择刀具夹具、确定加工路线、确定切削用量、填写数控加工工艺文件等内容的教学，让学生掌握数控加工工艺的制定方法。由于数控加工工艺与普通加工工艺有很多相似之处，因此教师讲授时采用对比法进行讲解，教学效果会更好。

1. 确定数控加工工艺的一般步骤

（1）确定数控加工的内容

要让学生掌握哪些内容适合在数控机床上加工，哪些内容不适合在数控机床上加工。明确告诉学生要避免把数控机床当作普通机床来使用。

（2）选择刀具、夹具

教师讲授时先引导学生复习普通加工中所用刀具、夹具的选择，再根据学生的掌握情况进行讲授。教师要重点强调合理选择数控加工的刀具、夹具，是工艺处理工作中的重要内容，让学生从思想上重视该知识点的学习。讲授刀具的选择时，要让学生了解刀具选择的原则。讲授夹具的选择时，要让学生了解数控加工对夹具的要求，重点讲授选择夹具时要注意的事项。

（3）确定加工路线

这个知识点既是本次课的教学重点，又是教学难点。教师讲授时从以下两点进行：首先，重点讲授数控加工路线的定义，让学生明确数控加工路线包括哪些内容，常采用哪些方法确定数控加工路线；其次，教师详细讲授确定数控加工路线时要考虑的几个问题，对于这几个问题，教师要结合多媒体课件或动画进行详细讲解，让学生真正掌握数控加工路线的确定。

（4）确定切削用量

由于与普通加工切削用量的确定基本相同，因此教师讲授时先引导学生复习普通加工中切削用量的确定，再根据学生的掌握情况进行讲授。教师讲授时从以下两个方面进行：首先让学生掌握影响切削用量的因素，其次再让学生掌握背吃刀量、主轴转速和进给速度的确定，使三者能相互适应，以形成最佳切削参数。

（5）填写数控加工文件

数控加工文件是编制生产计划、组织生产、安排物资供应、指导工人加工操作及技术检验等的重要依据。数控加工工艺文件主要包括数控加工编程任务书、数控加工工序卡、数控加工刀具卡、数控加工进给路线图、数控加工程序单等。这些文件尚无统一标准，各企业一般根据本单位的特点制定上述工艺文件，教材仅选数控加工工序卡和数控加工刀具卡进行讲解。

教师讲授时，要明确数控加工工序卡和数控加工刀具卡的作用及内容，让学生掌握数控加工工序卡和数控加工刀具卡的识读及填写。

1）数控加工工序卡。数控加工工序卡表达了加工工序内容，同时还要反映使用的辅具、刃具及切削参数等，它是操作人员配合数控程序进行数控加工的主要指导性工艺资料。

2）数控加工刀具卡。数控加工刀具卡是调刀人员调整刀具、操作人员进行刀具数据输入的主要依据。

2. 输出轴数控加工工艺

教师讲授时，首先让学生分析输出轴零件图样，确定输出轴的加工内容及加工所要达到的精度，在此基础上进行工艺分析，制定加工工艺。教师根据学生制定的加工工艺进行辅导，纠正不当之处，引导学生制定出正确的加工路线。

（1）图样分析

让学生分析了解零件的外形、结构，零件上需加工的部位及其形状、尺寸精度和表面粗糙度；了解各加工部位之间的相对位置和尺寸精度；了解工件材料、坯料尺寸、相关技术要求及工件的加工数量。

（2）工艺分析

根据图样分析，引导学生确定输出轴的加工步骤：

1）采用一夹一顶方式装夹工件，加工输出轴右端轮廓。

2）掉头，采用一夹一顶方式装夹工件，加工输出轴左端轮廓。

（3）确定刀具

引导学生，根据生产数量确定所用刀具：粗车和精车外圆采用一把 90°偏刀即可，加工工艺槽采用 2 mm 宽切槽刀。

（4）确定加工路线

引导学生根据工艺分析，确定加工输出轴的加工路线，并对照教材表 11—5 进行详细讲解。

（5）确定切削用量

根据上述分析结果以及相关计算公式，确定输出轴的切削用量，并详细填写数控加工刀具卡和工艺卡。

3. 盖板零件加工中心加工工艺

教师讲授时，首先让学生分析盖板零件图样，确定盖板零件的加工内容及加工所要达到的精度，在此基础上进行工艺分析，制定加工工艺。教师根据学生制定的加工工艺进行辅导，纠正不当之处，引导学生制定出正确的加工路线。

（1）图样分析

让学生分析了解盖板零件的外形、结构，零件上需加工的部位及其形状、尺寸精度和表面粗糙度；了解各加工部位之间的相对位置和尺寸精度；了解工件材料、坯料尺寸、相关技术要求及工件的加工数量。

（2）确定加工设备

根据盖板的加工内容，引导学生确定加工设备。选用国产 XH714 型立式加工中心即可满足加工要求。该机床工作台尺寸为 400 mm × 800 mm，*X* 轴行程为 600 mm，*Y* 轴行程为 400 mm，*Z* 轴行程为 400 mm，主轴端面至工作台台面距离为 125 ~ 525 mm，定位精度和重复定位精度分别为 0.02 mm 和 0.01 mm，刀库容量为 18 把，工件一次装夹后可自动完成铣、钻、镗、铰及攻螺纹等工步的加工。

（3）制定加工工艺

1）选择加工方法。根据图样分析结果，确定 *B* 平面、ϕ60H7 孔、ϕ12H8、ϕ16 mm 孔、M16 mm 螺纹的加工方案。

2）确定加工顺序。引导学生根据先面后孔、先粗后精的原则确定盖板零件的加工顺序。具体加工顺序为粗、精铣 B 面→粗、半精、精镗 $\phi60H7$ 孔→钻各光孔和螺纹孔的中心孔→钻、扩、锪、铰 $\phi12H8$ 及 $\phi16$ mm 孔→M16 mm 螺孔钻底孔、倒角和攻螺纹，详见教材。

3）确定装夹方案和选择夹具。根据零件的形状和加工部位，确定零件的装夹方案和夹具。盖板零件形状简单，四个侧面较光整，加工面与不加工面之间的位置精度要求不高，故可选用通用台钳，以盖板底面 A 和两个侧面定位，用台钳钳口从侧面夹紧。

4）选择刀具。教师引导学生，根据加工内容、所用夹具以及装夹方案，确定所需刀具。

5）确定进给路线。根据加工内容及选用的刀具，引导学生确定进给路线。教师可结合教材进行讲解。

6）选择切削用量。根据上述分析结果以及相关计算公式，确定切削用量，并详细填写数控加工刀具卡和工艺卡。

（三）特种加工

让学生观察通过线切割、电火花等特种加工方法加工出的工件，讨论在学过的加工方法中能不能加工出这些形状和表面，若不能，那么这些工件又是如何加工出来的？从而引出特种加工的概念，借助视频向学生介绍：电火花加工、电解加工、超声波加工、激光加工、电子束加工及电铸加工等现代特种加工技术，并通过教材，介绍常用的特种加工方法在加工时作用于工件的能量形式、应用范围以及可加工的材料。

介绍时应注意强调电加工（电火花、线切割和电解加工）只能适用于导体材料，然后播放特种加工的视频，让学生对常见特种加工方法的加工原理和加工过程有一个整体的认识，从而导入常见特种加工原理和特点的教学。

1. 电火花加工

教师先讲解电火花加工的概念以及常见种类，再讲解电火花成形加工和电火花线切割加工的工作原理、应用范围。

（1）电火花加工

先通过对电火花加工原理的介绍，对照幻灯片介绍电火花加工机床的结构，再利用加工原理分析讲解电火花加工的基本过程。在讲解原理和过程的基础上介绍电火花加工的特点，并举例介绍电火花加工的应用情况。

（2）电火花线切割加工

电火花线切割加工的基本原理与电火花加工是相同的，只是将阴极变成了走动的钼丝，工件则安装在工作台上通过数控系统相对钼丝完成预定轨迹的移动。所以在讲解原理时可偏重于对线切割过程中工件驱动部分的介绍。在介绍线切割的特点和应用时，除讲解教材中的各项内容外还应注意强调：由于线切割时钼丝与工件间是工件沿一段直线电极相对运动的关系，所以被加工的工件除必须是导体材料外，其廓形母线必须是直线。

2. 电解加工

电解加工又称电化学加工，教师可结合电化学知识讲解原理，强调工件接直流电源（10 ~ 20 V）正极，工具接负极，加工时两极之间保持一定的间隙。讲解时，要让学生了解电解加工的工艺特点及应用范围。

3. 超声波加工

教师讲解时，主要介绍超声波加工原理、工艺特点以及应用范围，让学生了解超声波加工的用途。

4. 激光加工

由于激光原理所涉及的物理知识过于深奥，所以在介绍激光加工的原理时，关于激光器部分没有必要过多讲解，只要讲清楚其加工工件的原理即可，重点是要让学生对激光加工的特点和应用有较为深入的了解。

5. 电子束加工

教师讲解时，主要介绍电子束加工原理、工艺特点以及应用范围，让学生了解电子束加工的用途。

6. 电铸加工

教师讲解时，主要介绍电铸加工原理、工艺特点以及应用范围，让学生了解电铸加工的用途，并能区分电解加工和电铸加工的区别。

小结：特种加工主要利用电、磁、声、光、热、液、化学等能量单独或复合对材料进行去除、堆积、变形、改性、镀覆等非传统加工。

五、补充资料

1. 数控机床产生的背景

随着科学技术的不断进步和社会生产的不断发展，人们对机械产品的质量和生产效率提出了越来越高的要求，而机械加工过程的自动化是实现上述要求的有效途径。

自工业革命以来，人们实现机械加工自动化的主要手段有：自动机床、组合机床、专用自动化生产线等。这些设备及技术的使用大大提高了机械加工自动化的程度和生产效率，促进了制造业的发展。但它也存在固有的缺点，如初始投资大、准备周期长、柔性差等。

因此，上述方法仅适用于批量较大的零件生产。然而，随着市场竞争的日趋激烈，产品更新换代周期缩短，小批量产品生产所占的比重越来越大，约占总加工量的 80% 以上。因此，迫切需要一种精度高、柔性好的加工设备来满足上述需求，这是机床数控技术产生和发展的内在动力。另一方面，电子技术和计算机技术的飞速发展则为数控机床的发展提供了坚实的技术基础。数控技术正是在这种背景下诞生和发展起来的，它极其有效地满足了上述要求，为小批量、精密复杂零件的生产提供了自动化的加工手段。

2. 数控技术的发展趋势

（1）高速化

随着汽车、国防、航空、航天等工业的高速发展以及铝合金等新材料的应用，对数控机床加工的高速化要求越来越高。

（2）高精度化

现在数控机床精度的要求已经不局限于静态的几何精度，机床的运动精度、热变形以及对振动的监测和补偿越来越获得重视。

（3）高可靠性

数控机床与传统机床相比，增加了数控系统和相应的监控装置等，应用了大量的电气、液压和机电装置，易于导致出现失效的概率增大；工业电网电压的波动和干扰对数控机床的可靠性极为不利，而数控机床加工的零件型面较为复杂，加工周期长，要求平均无故障时间在 2 万小时以上。为了保证数控机床有较高的可靠性，就要精心设计系统，严格制造和明确可靠性目标，并通过维修分析故障模式找出薄弱环节。

（4）功能复合化

复合机床的含义是指在一台机床上实现或尽可能完成从毛坯至成品的多种要素加工。根据其结构特点可分为工艺复合型和工序复合型两类。工艺复合型机床：如镗铣钻复合—加工中心、车铣复合—车削中心、铣镗钻车复合—复合加工中心等；工序复合型机床：如多面多轴联动加工的复合机床和双主轴车削中心等。采用复合机床进行加工，减少了工件装卸、更换和调整刀具的辅助时间以及中间过程产生的误差，提高了零件的加工精度，缩短了产品制造周期，提高了生产效率和制造商的市场反应能力，相对于传统的、工序分散的生产方法具有明显的优势。

（5）控制智能化

随着人工智能技术的发展，为了满足制造业生产柔性化、制造自动化的发展需求，数控机床的智能化程度在不断提高。

第十二章　先进制造工艺技术

一、教学目标

1．了解超精密加工的内涵、超精密加工所涉及的技术范围。

2．掌握超精密切削加工、超精密磨削加工的关键技术，了解超精密机床与设备的关键部件，了解超精密加工的支持环境。

3．掌握高速切削加工的概念，了解高速切削加工的关键技术。

4．掌握增材制造技术的基本原理，了解增材制造技术的应用。

二、教学重点与难点

1．教学重点

通过本章的教学，使学生全面了解制造技术的现状与发展趋势，掌握先进制造技术方法、先进制造技术工艺、先进制造技术理念，为以后从事制造行业工程技术工作、管理工作和决策工作打下基础。本章的教学重点为：

（1）超精密加工的内涵、超精密加工所涉及的技术范围。

（2）超精密切削加工、超精密磨削加工的关键技术，超精密机床与设备的关键部件，超精密加工的支持环境。

（3）高速切削加工的概念，高速切削加工的关键技术。

（4）增材制造技术的基本原理，增材制造技术的应用。

2．教学难点

超精密机床与设备的关键部件、高速切削加工和高速磨削加工的关键技术等知识为本章的教学难点，教师讲解时，可通过视频或者多媒体课件进行展现，让学生真正了解科学前沿的知识点。

三、学时分配表

章节内容	建议学时
§12—1　超精密加工技术	2
§12—2　高速加工技术	2
§12—3　增材制造技术	2

四、教学设计与建议

通过本章的教学使学生掌握更多的先进制造知识及理论方法，具备更加合理、更加经济地选择加工工艺方法的能力，并提高其解决关键工艺难题的能力。培养学生自主学习新知识、新技术，主动查阅资料，善于举一反三的能力。

授课时教师运用多媒体教学、模型教学、课堂教学与现场教学相结合的教学方法与手段，并辅助以讲练结合式、引导启发式、问题讨论式、集中实训式教学方法，充分调动学生的学习积极性，体现以学生为主体的教学思想；充分体现理论与实践的紧密结合，旨在培养学生实际岗位能力。

（一）超精密加工技术

教师先讲解超精密加工的内涵，让学生明确精密和超精密加工只是一个相对的概念，其界限随时间的推移而不断变化。再讲解超精密加工所涉及的技术范围，最后重点讲解超精密切削加工和超精密磨削加工。

1. 概述

（1）超精密加工的内涵

教师通过多媒体课件详细讲解超精密加工的内涵，现阶段超精密加工的加工精度小于0.1 μm，表面粗糙度值小于0.01 μm。

（2）超精密加工所涉及的技术范围

超精密加工所涉及的技术范围，教师从以下方面进行讲解：

1）超精密加工机理。

2）超精密加工刀具、磨具及其制备技术。

3）超精密加工机床设备。

4）精密测量及补偿技术。

5）严格的工作环境。

2. 超精密切削加工

教师强调超精密切削加工主要是指采用金刚石刀具进行的超精密车削，主要从金刚石刀具的硬度、单晶金刚石刃口圆弧半径、热化学性能、耐磨性能等方面进行讲解，让学生了解金刚石刀具的性能特征。

3. 超精密磨削加工

教师讲解超精密磨削加工所能达到的加工精度，并让学生明确超精密磨削的关键在于砂轮的选择、砂轮的修整、磨削用量和高精度的磨削机床。

（1）超精密磨削砂轮

在超精密磨削加工中，所使用的砂轮材料多为金刚石和立方氮化硼磨料，让学生了解两种砂轮适用的加工对象。

（2）超精密磨削砂轮的修整

让学生明确砂轮修整通常包括修形和修锐两个过程。而金刚石砂轮和立方氮化硼砂轮都比较坚硬，很难用其他磨料来磨削以形成新的切削刃，因而，一般是通过去除磨粒间结合剂的方法使磨粒突出结合剂一定高度，以形成新的磨粒。

（3）磨削速度和磨削液

让学生明确金刚石砂轮的磨削速度一般为 12～30 m/s，立方氮化硼砂轮的磨削速度可达 80～100 m/s。而磨削液的选用应视具体情况合理选择。

4. 超精密加工机床与设备

教师要让学生明确超精密加工机床是实现超精密加工的首要基础条件。而超精密加工机床的精度质量主要取决于机床的主轴部件、床身导轨以及驱动部件等。

(1) 精密主轴部件

精密主轴部件是超精密加工机床的圆度基准，也是保证机床加工精度的核心。主轴要求达到极高的回转精度，其关键在于所用的精密轴承。目前，超精密机床主轴广泛采用的是液体静压轴承和空气静压轴承。

(2) 床身导轨

教师详细讲解超精密机床对床身和导轨的要求，强调超精密加工机床床身多采用人造花岗岩材料，其导轨部件广泛应用液体静压导轨、气浮导轨和空气静压导轨。

(3) 高精度微量进给装置

高精度微量进给装置是超精密加工机床的又一个关键部件，它对实现超薄切削、高精度尺寸加工和实现在线误差补偿有着十分重要的作用。教师强调，目前高精度微量进给装置的分辨率已达到0.001~0.01 μm，有机械式、液压传动式、弹性变形式、压电陶瓷式等多种结构。

5. 超精密加工的支持环境

为了适应精密和超精密的加工要求，达到微米级甚至纳米级的加工精度，必须对支持环境加以严格控制，包括空气环境、热环境、振动环境、电磁环境等。

(二) 高速加工技术

1. 高速加工的概念

教师通过多媒体课件详细讲解萨洛蒙博士提出的著名的高速切削理论，引出高速加工的概念及其切削特性。

2. 高速切削加工的关键技术

高速切削加工所涉及的技术内容较多，这里仅介绍高速主轴单元、快速进给系统、先进机床结构、高速加工工具以及高性能CNC 控制系统等高速切削的关键技术。

（1）高速主轴单元

教师通过讲解电主轴的结构及其工作原理，让学生明确高速主轴一般应用电主轴。

（2）快速进给系统

教师通过讲解直线电动机的结构及其工作原理，让学生明确高速切削加工进给系统普遍采用直线电动机。

（3）先进机床结构

高速切削机床的基础结构件必须具有足够的刚度和强度，以及较高的阻尼特性和热稳定性。目前，高速切削机床多采用龙门式立柱型对称结构及箱中箱结构。

（4）高速切削刀具系统

让学生明确高速切削系统通常采用的刀具有硬质合金涂层刀具、陶瓷刀具、聚晶金刚石刀具、立方氮化硼刀具。刀柄常采用德国的 HSK 刀柄。

（5）高性能 CNC 控制系统

目前，高速切削机床的 CNC 控制系统多采用 64 位 CPU 系统。

（三）增材制造技术

教师先通过视频或多媒体课件讲解增材制造技术的实例，让学生了解增材制造技术在现代生产中的应用，再讲解增材制造技术的相关知识点。

1. 增材制造技术的基本原理

教师让学生观察 3D 打印技术视频，引导学生说出增材制造技术的基本原理。强调增材制造技术是一种基于“分层制造、逐层叠加”的离散分层制造原理发展而来的先进制造技术，通常也被称为“3D 打印”。

结合教材图 12—6 讲解增材制造的基本工艺过程，让学生明确增材制造的五个主要环节：

（1）建立三维实体模型

教师让学生明确设计人员可通过两种方法进行建模：一种是通过各种三维 CAD 软件将设计对象构建成三维实体数据模型；另一种是通过三坐标测量仪、激光扫描仪、三维实体影像等手段进行建模。

（2）生成数据转换文件

将建模后生成的数据格式文件转换为增材制造系统所能接受的 STL 等文件格式。

（3）分层切片

根据增材制造系统的制造精度，对三维建模对象进行分层切片处理，薄片厚度越小精度越高。分层切片过程也是增材制造由三维实体向二维薄片的离散化过程。

（4）逐层堆积成形

增材制造系统根据切片的轮廓和厚度要求，用粉材、丝材、片材等完成每一切片的成形，通过一片片堆积，最终完成三维实体的成形制造。

（5）成形实体的后处理

实体成形后，需去除一些不必要的支撑结构或粉末材料，根据要求尚需进行固化、修补、打磨、表面强化以及涂覆等处理。

2. 增材制造技术的应用

增材制造技术近几年在国内发展非常迅速，教师可通过视频展示增材制造技术的应用实例，也可让学生上网查阅相关资料，明确增材制造技术在各个行业的应用。

第十三章　装　　配

一、教学目标

1. 了解螺纹连接、键连接、销连接、过盈连接的结构、特点及装配技术要求，掌握螺纹连接、键连接、销连接、过盈连接的装配工艺及要点。

2. 熟悉常用传动机构的结构特点和装配技术要求，掌握齿轮传动、带传动、链传动的装配工艺及要求。

3. 了解常用滚动轴承的种类、结构及特点，掌握滚动轴承的基本装配工艺及要求。

4. 了解常用滑动轴承的基本类型、结构及特点，掌握滑动轴承的装配工艺及要求。

5. 了解装配工艺过程、零件的清洗要求以及零件的平衡和密封性试验等基础理论知识。

6. 熟悉装配组织形式的特点，掌握装配尺寸链的应用和常用装配方法的特点及适用范围。

7. 了解编制装配工艺规程的基本原则和内容，掌握编制装配工艺规程的方法和步骤。

二、教学重点与难点

1. 教学重点

由于装配基础知识涉及面广、内容较多，结合各专业的特点，本章的教学重点是螺纹连接、齿轮传动、滚动轴承的装配工艺，以及尺寸链应用和常用装配方法的特点等。

2. 教学难点

由于本章涉及的专业性概念和术语较多而且较为抽象，故本章的教学难点是装配尺寸链的分析、计算和应用，以及滚动轴承的预紧。

三、学时分配表

教学内容	建议学时
§13—1　固定连接的装配	5
§13—2　传动机构的装配	4
§13—3　轴承的装配	3
§13—4　装配工艺规程制定	6

四、教学设计与建议

机械装配是产品制造过程的最后一个阶段，包括装配、调整、检验和试车等各项工作。该工作是由装配钳工来完成的，装配工作的好坏直接影响到产品的质量，它是对机器或产品的工作性能和使用寿命的综合反映。因此，装配在机械产品制造过程中占有非常重要的地位。本章主要介绍了固定连接的装配、传动机构的装配、轴承的装配以及装配工艺规程等基础知识。教师讲解时，应注重课题的导入，力求做到理论与实践相结合，突出对装配工艺的教学，注意激发学生的学习兴趣，引导学生学以致用。

（一）固定连接的装配

1. 螺纹连接的装配

螺纹连接是该节的重点，它是机械产品最基本的一种连接形式，广泛应用于各种机械产品及生活用品中，学生较为熟悉。教师讲解时，可通过常见的实例，结合机械基础所学内容回顾总结螺纹连接的种类及特点。

（1）常用装拆工具

因螺钉、螺母种类繁多，故装拆工具也各有不同，它主要分为螺钉旋具和扳手两大类。教师讲解时可通过展示实物或图片，让学生进一步认识各种装拆工具的结构及标准名称。对学生比较熟悉的工具，可采用反问总结纠正法进行讲解，以加深学生的记忆和理解。例如，螺钉旋具、活扳手的规格用什么表示？在平时是如何使用活扳手的？对于学生不熟悉的工具，可通过多媒体视频或现场演示让学生了解其特点、使用方法及应用场合。

（2）螺纹连接的装配技术要求

1）保证一定的拧紧力矩。

2）有可靠的防松装置。

3）保证螺纹连接的配合精度。

在讲解各项装配技术要求时，重点分析原因，可结合生活和生产中的实例进行讲述。

（3）螺纹连接的装配工艺要点

在讲述螺纹连接的装配工艺要点时，要紧紧围绕装配技术要求展开分析和论证，在此基础上重点明确以下几点：

1）结合教材图示讲清双头螺柱紧固在机体上的常用方法（双螺母拧紧法和长螺母拧紧法）及原理。

2）用图例说明拧紧成组螺钉或螺母的具体方法，并找出规律，总结其拧紧原则：按先中间、后两边，对称、分层次、逐步拧紧，以保证连接件及螺钉受力均匀。

3）结合图示分析螺纹连接的预紧方法及原理（参见补充资料），以加深学生的理解。

4）利用教材中的图表，结合生产实例详细分析常用螺纹连接的防松方法、原理、特点及应用。

2. 销连接的装配

该内容比较简单，教师讲解时可通过常见的实例，结合机械基础所学内容回顾总结销连接的种类及特点，让学生充分了解销连接在机械设备中所起的作用，并以圆柱销和圆锥销的装配工艺为侧重点，明确以下内容：

(1) 圆柱销和圆锥销已经标准化，圆柱销的规格用直径乘以长度表示，圆锥销的规格用小端直径乘以长度表示。

(2) 圆柱销是靠过盈量来实现连接和定位的，它采用的是基轴制配合，装配时控制销孔的尺寸精度是关键，主要用于不经常拆卸的场合。

(3) 讲解圆锥销装配工艺时，可用对比法进行分析，突出圆锥销孔的加工和控制方法，明确圆锥销用于经常拆卸场合的原因。

3. 键连接的装配

键是一种标准的机械零件，可用来连接轴和轴上零件，能对轴上零件进行周向固定，并能传递扭矩，其结构简单、工作可靠、装拆方便，因而得到了广泛的应用。本节着重介绍了松键连接、紧键连接和花键连接三类键连接的结构特点、装配技术要求和装配要点，其中松键连接作为本节的重点。

在讲授键连接时，可打破教材原有的顺序，利用教材给出的图例，先从三类键连接的结构、特点及应用场合入手，进行分析比较，让学生明确松键连接是靠键的侧面来传递扭矩，只能对轴上零件做周向固定却不能承受轴向力，多用于同轴度要求较高、高速精密的连接中；紧键连接是靠键的上下两面来传递扭矩的，不仅能够周向固定零件，还能轴向固定零件和传递单方向的轴向力，多用于对中性要求不高、转速较低的场合；而花键连接具有承载能力强、传递扭矩大、同轴度和导向性好等特点，适用于大载荷、同轴度要求较高的场合。在此基础上，分别介绍和讲述三类键连接的装配工艺。

(1) 松键连接的装配

普通平键装配时，要保证键与键槽的配合精度，键与轮槽的非配合面应留有间隙，在键长方向，键与轴槽留 0.1 mm 左右的间隙，并在装配前检查键槽对轴线的对称度。

（2）紧键连接

紧键连接与松键连接本质的区别是工作面不同，它分为普通楔键和钩头楔键两种，键的上表面与毂槽的底面各有 1∶100 的斜度。装配时要用涂色法检查键与轮毂槽底面的接触情况；键侧与键槽间要有一定的间隙；对于钩头楔键，钩头与轮毂端面间应留一定的距离，以便拆卸。

（3）花键连接的装配

花键连接分为静花键连接和动花键连接。对于静花键连接，在装配时要根据过盈量的大小来选择装配工艺；而对于动花键连接，在装配时应保证正确的配合间隙，能使内花键零件在花键轴上自由滑动，没有阻滞现象。

4. 过盈连接的装配

讲解时可先通过展示教材中的图片、教具或生产实例，让学生较直观地认识什么是过盈连接，然后结合过盈的概念分析其原理及特点。通过观察和分析，让学生讨论过盈连接与其他连接相比在结构和原理上有哪些异同点。

（1）过盈连接的装配技术要求

过盈连接的装配与零件的制造精度有着密切的关系，零件的制造精度直接影响装配质量。在分析装配技术要求时要从两方面入手：一是零件的加工精度要求；二是装配工艺要求，讲解时重点引导学生分析原因。教师要强调，这些要求对过盈连接的装配有着重要的指导意义。

（2）过盈连接的装配工艺要点

过盈连接按结构分为圆柱面过盈连接和圆锥面过盈连接，其装配方法截然不同。

1）圆柱面过盈连接的装配主要取决于配合尺寸和过盈量的大小。讲解时可通过多媒体教学的形式，结合生产实例来分析压入法、热胀法和冷缩法（不常用）的装配工艺。明确圆柱面过盈连接一般不宜进行多次拆卸，以避免因过盈量丧失而造成配合松动。

2）圆锥面过盈连接是利用轴和锥孔产生的相对轴向位移获得的。轴与锥孔的轴向位移量大小决定了配合的松紧程度。对于常用的螺母压紧法和液压套合法可利用教材中的图例简要说明其原理即可。

（二）传动机构的装配

传动机构是机器实现运动和动力传递的基础，是机器的重要组成部分。本节内容学生在机械基础课中已经学过，对齿轮传动机构、带传动机构、链传动机构已有初步了解。讲授时可结合实例，通过提问、回顾等教学形式，让学生再次熟悉各种传动机构的类型、特点及应用，并结合案例阐述传动机构装配的重要性，以激发学生的求知欲。本节主要介绍了常用齿轮传动机构、带传动机构、链传动机构的装配技术要求及装配工艺。授课时应注意理论与实践的有机结合，充分利用挂图、模型以及多媒体视频展开分析和讲述，将侧重点放在最常用的齿轮传动机构上。

1. 齿轮传动机构的装配

齿轮传动是机械传动的主要形式之一，是现代机械中应用最为广泛的一种机械传动。讲授时按“装配技术要求→装配工艺→检验测量”为主线进行，并注意以下几点：

（1）借助模型演示或实物观察（如齿轮变速箱），让学生熟悉圆柱齿轮和圆锥齿轮传动的结构特点与应用，加深对齿轮传动机构的感性认识。

（2）本节涉及的内容和相关知识点较多，教学时，以圆柱齿轮传动机构的装配为主进行分析，讲解力求详尽、透彻，为圆锥齿轮传动机构装配的教学创造条件。

（3）齿轮传动机构的装配技术要求，可结合“齿轮副的正确啮合条件和连续转动的条件”进行阐述，特别是要将齿侧间隙的含义讲清楚。

（4）圆柱齿轮传动机构的装配，重点是解决装配方法与装配质量的检测两大问题。应在明确其装配顺序的基础上，结合教材图例分析装配工艺及要点，讲清齿侧间隙、接触精度的检测方法及相应要求。

(5) 圆锥齿轮传动机构的装配与圆柱齿轮传动机构的装配顺序类似。教学时，教师可在圆柱齿轮传动机构装配的基础上，采用对比教学法进行，引导学生共同分析完成。

(6) 为提高和巩固教学效果，激发学生的学习兴趣和积极性，教师最好结合课堂教学，组织学生进行一次齿轮传动机构（如简单的减速器）的装配及精度检测的操作练习。练习可采用分组的形式进行，内容包括齿轮与轴的装配、齿轮啮合质量的检测等。通过实际操作过程，让学生从中去发现、分析和解决有关问题。

2. 带传动机构的装配

带传动是常见的一种机械传动，它的种类有很多，在此主要以 V 带传动为主，侧重介绍 V 带传动机构的装配内容，包括带轮与轴的装配、V 带的安装及初拉力的调整等。

(1) 带与带轮的装配

在了解 V 带传动机构结构特点及应用的基础上，引领学生熟悉带传动机构的装配技术要求，结合教材图示讲解分析带轮与轴的连接与固定。对带轮的径向圆跳动量和端面圆跳动量以及两带轮相互位置正确性的检测，结合教材图示着重讲清检测方法及要求，并运用对比分析法，说明 V 带在轮槽中的正确安装位置。

(2) 初拉力的控制

控制初拉力的目的是为了防止带过松或过紧，以保证带传动能正常工作，即保证传动效率。

1) 初拉力的测定。可结合教材的图示分析初拉力的两种测定方法，明确一般要求的机械可根据经验判断初拉力。对于初拉力有规定要求的，可通过计算来判断是否符合要求（参见补充资料）。

2）初拉力的调整方法。由于带使用一定时间后会变长，使初拉力减小，所以在带传动机构中都设有初拉力调节装置。讲解时可结合教材中的图表，引导学生分析各种调节装置的结构、特点及要求，明确张紧轮的设置位置。

3. 链传动机构的装配

链传动机构的装配与带传动基本相同。课题导入时可针对如何解决带传动的缺点引出链传动机构。讲授时应注意以下几点：

（1）链轮的安装

在分析链轮的安装工艺时，要以装配技术要求为主线，采用与带传动对比的方法进行讲解，让学生明确两者之间在测量上的差异和具体要求，以便于学生的理解。

（2）链条松紧度的测量

在讲清“松紧度”含义的基础上，结合教材中的图示分析其检测方法，明确两链轮中心连线与水平面的夹角小于45°或大于45°时其要求有所不同。

（3）典型滚子传动链的连接形式

讲解时可结合教材中的图示及生活实例（如自行车中链条）分析滚子传动链的结构、接头连接形式及装配工艺，明确若链条的链节数为奇数时，必须采用过渡链节。

（三）轴承的装配

轴承的装配是机械设备部件装配或总装配的重要基础，装配质量直接影响轴组的旋转精度和轴承的使用寿命及性能。根据摩擦性质不同，轴承可分为滚动轴承和滑动轴承两大类。因本节涉及的知识内容较为广泛而抽象，为了提高学生的接受能力和学习兴趣，建议教师应结合生产实例，利用挂图、实物、教学模型及多媒体视频等进行讲述。

1. 滚动轴承的装配

滚动轴承是一种精密的标准组件，它由专业工厂大批量生产并已标准化、系列化。由于滚动轴承具有摩擦系数小、轴向尺寸紧凑、启动灵活、互换性好、更换方便、维护容易等优点，因此在各类机械中滚动轴承的应用较滑动轴承更为广泛。本节主要介绍了滚动轴承的装配技术要求，各类滚动轴承的装配方法及装配要点，滚动轴承的预紧及拆卸等。讲授时，建议教师要结合教材图例并配合相应实物来进行教学，在熟悉各类滚动轴承结构的基础上，重点讲述滚动轴承的装拆工艺及调整方法。

(1) 滚动轴承的检查及清洗

滚动轴承的检查及清洗是滚动轴承装配的基础，主要包括核对轴承的型号、精度等级，轴颈及轴承座孔的配合尺寸等（参见补充资料），是学生必须掌握的基本知识，对后续内容起到指导作用，教师可根据学生对所学知识（如机械基础、配合公差等）的掌握情况进行讲述。

(2) 滚动轴承的装配方向

滚动轴承的装配方向原则上尽量将带有标记代号的端面朝向易可见的方向，但对于推力轴承，其结构较为特殊，有松圈和紧圈之分，教师应重点强调装配时松圈应靠在固定件的端面上，紧圈装在旋转件的端面上，千万不能装反，可结合教材中的图示分析其原因。

(3) 滚动轴承的装配顺序

在确定滚动轴承的装配顺序时，应根据轴承的结构、内圈与轴颈、外圈与轴承座孔的配合松紧程度来决定，一般遵循“先紧后松”的原则，通常与轴的配合较紧。

(4) 滚动轴承的装配方法

教师在讲解时，可引导学生回顾过盈连接的装配方法来进行对比教学，以便加深和巩固他们所学的知识。教师重点讲清装配时正确的压力作用点，即压力应直接作用在轴承的配合套圈端面上，决不能通过滚动体传递压力，具体可参照教材中的图示进行详细分析和讲述。

(5) 滚动轴承的固定

滚动轴承的固定是保证轴组正常工作的关键。明确径向固定是靠轴承外圈与座孔的配合来解决，而轴向固定有两端单向固定和一端双向固定两种基本方式。讲解时可结合教材中的图示或实例，着重分析这两种轴向固定基本方式的原理、调整方法和步骤，讲清调整垫片法和螺钉调整法的特点。

(6) 滚动轴承游隙的调整

讲解时可采用对比法说明三种游隙（原始游隙、配合游隙和工作游隙）的存在状态及相互关系。在此基础上分析游隙调整的重要性，明确通常采用使轴承的内、外圈进行适当的轴向相对位移来保证游隙。

(7) 滚动轴承的预紧

滚动轴承的预紧是对于承受载荷较大、旋转精度要求较高的轴承而言的，它是滚动轴承装配的重要环节之一。滚动轴承的预紧比较复杂，在讲解时为便于学生理解，可结合机床中的具体实例说明其预紧原理和目的即可。

滚动轴承的预紧就是在装配时，给滚动轴承施加一定的预加负荷，其实质是轴承受到一定的装配力后，不但使轴承的游隙得以消除，而且使滚动体和内、外圈接触处产生初始弹性变形，这样既提高了轴承的承载刚度，同时也提高了轴承的旋转精度。

对于承受载荷较大、旋转精度要求较高的轴承，大都是在无游隙甚至有少量过盈的状态下工作的，这些都需要轴承在装配时进行预紧。预紧就是在轴承装配时，给轴承的内圈或外圈施加一个轴向力，以消除轴承游隙，并使滚动体与内、外圈接触处产生初变形。预紧能提高轴承在工作状态下的刚度和旋转精度。

滚动轴承的预紧方式有两种：一种是径向预加负荷；另一种是轴向预加负荷。

(8) 滚动轴承的试运转

滚动轴承的试运转是对装配工作的综合检验，一般工作温度不得超过50℃。

2. 滑动轴承的装配

滑动轴承的应用远早于滚动轴承，它在机械制造中也有着十分重要的地位。教学时，可结合学生比较熟悉的生产或生活实例，用对比法（与滚动轴承对比）在讲清各种滑动轴承结构、特点及应用的基础上，重点分析整体式和剖分式滑动轴承的装配工艺过程及装配要点。

在讲解各种滑动轴承的装配要点前，要讲明滑动轴承的装配技术要求，并重点阐明装配间隙和接触精度是衡量滑动轴承装配质量的重要指标。

为增加学生的感性认识，激发学生的学习兴趣，在讲授各种滑动轴承的装配要点时，可利用视频、挂图、实物等结合装配基础知识，采用引导、启发等教学方法进行详细讲述。

（1）整体式滑动轴承的装配工艺

去除毛刺→清理→涂润滑油→将轴套装入轴承座孔内（过盈连接装配）→进行固定（螺纹连接装配）→进行修整（铰削或曲面刮削）→检验（保证接触精度和配合间隙）。

（2）剖分式滑动轴承的装配工艺

上、下轴瓦装入轴承座、盖（保证轴瓦与座孔接触良好）→上、下轴瓦固定（销连接装配）→轴瓦孔与轴配刮（保证接触精度）→装调整垫片（保证配合间隙）→装轴承盖并用螺母固定（螺纹连接装配）。

为拓展学生的知识面，可根据学生的实际情况简要介绍滑动轴承材料（参见补充资料），以利于学生今后的发展。

（四）装配工艺规程制定

装配工艺规程是指导装配工作和组织装配生产的重要技术文件，其内容包括装配顺序、装配方法、装配技术要求、检验方法，以及装配所需设备、工具、夹具、时间定额等。本节理论概念性的知识较多，教学时要注意结合生产或生活实例，使学生从感性认识逐步上升到理性认识，以便学生理解。

1. 装配工艺过程

讲解时，可结合教材中的装配工艺过程示意图，通过学生比较熟悉的实例（如自行车组装），逐一讲述产品的装配工艺过程，并重点讲清以下几点：

（1）装配准备工作的具体内容，明确该项工作的必要性。

（2）装配工作是装配工艺过程的主题，明确零件、部件装配和总装配的概念。

（3）调整、精度检验和试车是对装配工作质量的自我检查，也是装配工艺过程不可缺少的重要环节。

（4）明确涂装、涂油、装箱的目的。

2. 零件的清理与清洗

在装配过程中，零件的清理和清洗工作对提高装配质量、延长产品使用寿命具有重要的意义，特别是对于轴承、精密配合件、液压元件、密封件以及有特殊清洗要求的零件尤为重要。教学时，应注意讲清常用的零件清洗方法，以及常用清洗剂的特点、适用场合和注意事项，尤其是汽油的使用，应重点强调安全，进一步培养学生牢固树立安全文明生产的思想意识。

3. 零件的平衡及密封性试验

（1）旋转件的平衡

旋转件的平衡是装配过程中的一项重要工作，尤其是对于转速高、运转平稳性要求高的机器，其零部件的平衡要求更为严格。教学时，应结合学生比较熟悉的实例（如砂轮的跳动）来分析不平衡产生的原因以及可能造成的危害。在此基础上引出静不平衡和动不平衡这两个概念，并用对比法详细分析静不平衡和动不平衡的特点。

1）静平衡试验。讲解静平衡试验时，最好通过静平衡的试验演示过程进行直观教学，逐一讲清静平衡试验的原理、方法、步骤，并举例说明消除不平衡量的具体方法，如汽车轮毂上的平衡块等。

2）动平衡试验。动平衡试验较为复杂，需要在动平衡试验机上进行，大部分技工院校不具备教学条件，可只进行简介，不做具体要求。

（2）零件密封性试验

零件密封性试验的两种方法较为直观，教师可结合教材中的图示说明其方法。明确气压法适用于承受工作压力较小的零件，而液压法适用于承受工作压力较高的零件（主要是从安全角度考虑的）。

4. 装配的组织形式

装配的组织形式一般分为固定式装配和移动式装配（流水线装配）两种，选择时要充分考虑生产规模、产品复杂程度、产品技术要求以及操作人员的技术水平等因素。讲解时可通过多媒体视频或参观企业装配车间等形式，用对比法分析固定式装配和移动式装配的特点及应用。

5. 装配精度

装配精度通常指的就是装配技术要求，它是产品装配后自然形成的，与各相关零件的尺寸有关。为解决如何设计零件的尺寸公差，才能最终满足装配精度这一问题，引用了装配尺寸链的求解。该内容涉及的概念较多，理论性较强，建议在教学过程中按照教材的编排顺序逐一分析和讲述。

（1）装配尺寸链

讲解装配尺寸链之前，首先让学生明白尺寸链的含义。可通过图例引导学生分析各尺寸的相互关系，在此基础上导出尺寸链的概念，总结出尺寸链的两大特性，以帮助学生加深对尺寸链的理解。

由此可知，影响某一装配精度的各有关装配尺寸所组成的尺寸链，就称为装配尺寸链。

明确尺寸链分析不仅适用于装配，在零件加工过程中也有同等效能。

（2）装配尺寸链简图

装配图是装配尺寸链分析的基础，为了后续更加清晰地分析各零件尺寸间的关系，将复杂的装配图演变成较为简洁的“尺寸线”图。这种表示各零件之间相互装配关系的示意图称为装配尺寸链简图。

（3）装配尺寸链的环

以教材中的尺寸链简图为例，在分析各尺寸相互关系的基础上，得出结论是“在每个尺寸链中至少有 3 个尺寸（环）组成”。为了便于区分各环在尺寸链中的特性及作用，又将环细分封闭环、组成环、增环和减环，其分类方法就是各自的定义。讲解时一定要配合尺寸链简图进行分析说明，尤其是增环和减环的判别。并进一步明确在一个尺寸链中，封闭环只有一个，它指的就是装配精度（装配技术要求），是在装配之后自然形成的或间接获得的。

（4）封闭环极限尺寸计算

讲解时可结合学生所掌握的公差与配合知识，以教材中齿轮孔与轴的配合为例导出封闭环极限尺寸和封闭环公差计算公式。方法如下：

第一步：分析装配图，绘制尺寸链简图，如图 13—1 所示。

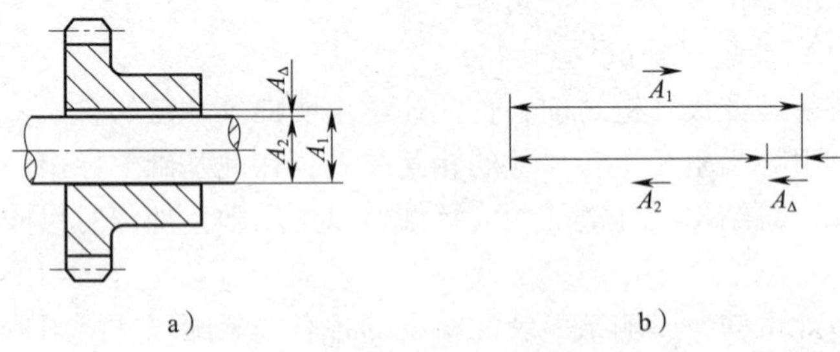

图 13—1　齿轮与轴的配合

a）装配图　b）尺寸链简图

第二步：根据封闭环、增环、减环的定义，确定 $A_{\triangle}$ 为封闭环、A_1 为增环、A_2 为减环。

第三步：从装配图中不难看出，当孔最大、轴最小时，可获得最大间隙；反之，当孔最小、轴最大时，可获得最小间隙。即：

$$A_{\Delta\max}=A_{1\max}-A_{2\min}$$

$$A_{\Delta\min}=A_{1\min}-A_{2\max}$$

第四步：根据上述等式导出封闭环极限尺寸计算公式。

当所有增环均为上极限尺寸，减环均为下极限尺寸时，则封闭环必为上极限尺寸。其计算公式为：

$$A_{\Delta\max}=\sum_{i=1}^{m}\overrightarrow{A}_{i\max}-\sum_{i=1}^{n}\overleftarrow{A}_{i\min}$$

当所有增环均为下极限尺寸，而所有减环均为上极限尺寸时，则封闭环必为下极限尺寸，其计算公式为：

$$A_{\Delta\min}=\sum_{i=1}^{m}\overrightarrow{A}_{i\min}-\sum_{i=1}^{n}\overleftarrow{A}_{i\max}$$

第五步：推导封闭环公差，将第三步中的两等式相减得到如下结果：

$$A_{\Delta\max}-A_{\Delta\min}=(A_{1\max}-A_{2\min})-(A_{1\min}-A_{2\max})$$

$$A_{\Delta\max}-A_{\Delta\min}=A_{1\max}-A_{2\min}-A_{1\min}+A_{2\max}$$

$$A_{\Delta\max}-A_{\Delta\min}=(A_{1\max}-A_{1\min})+(A_{2\min}-A_{2\max})$$

$$\delta_{\Delta}=\delta_1+\delta_2$$

结论：封闭环公差等于各组成环公差之和。其公式为：

$$\delta_{\Delta}=\sum_{i=1}^{m+n}\delta_i$$

装配尺寸链的分析与计算是教学中的一个难点，学生容易遇到一些困难和问题，例如，解题时不知如何分析，无从入手；找不准封闭环；把不相干的尺寸排列到尺寸链中等。解题的关键是审清题意，明确各环间的关系，准确判断出封闭环、增环和减环。找不准封闭环的原因是未能在装配图上发现装配精度要求（最后自然形成的尺寸），尺寸链出现问题，则是不了解有关装配件是否会对装配精度造成影响（关联性和封闭性）。

为让学生熟练掌握上述公式的应用，可结合教材中的例题详细分析解题步骤、方法和思路，以提高学生解决实际问题的能力。

6. 装配方法

常用的装配方法有互换装配法、分组装配法、修配装配法和调整装配法四种。生产中采用不同装配方法的目的是正确处理装配精度与零件制造精度的关系，妥善解决生产的经济性与使用要求之间的矛盾。讲解时可结合生产实例，用对比教学法详细分析各装配方法的含义、特点及应用，这是保证装配精度、提高装配效率以及组织生产的基础。

7. 装配工艺规程的编制

装配工艺规程是指导装配施工的主要技术文件之一。合理、准确地编制装配工艺规程不仅能提高产品质量，而且还能提高生产效率。教师讲解时，在学生了解了编制装配工艺规程的基本原则、装配工艺规程的主要内容以及编制装配工艺所需原始资料等知识的基础上，重点结合教材中的实例详细分析编制装配工艺规程的方法和步骤。

（1）对产品进行分析

分析的内容包括研究产品装配图样、装配技术要求及相关资料，目的是了解产品的结构、特点和工作性能，为制定装配方案及检验奠定基础。

（2）确定装配方法和装配的组织形式

通常根据产品的装配技术要求、结构、特点及生产规模等因素来确定装配方法和装配的组织形式。

（3）划分装配单元，确定装配顺序

在明确装配单元含义的前提下，根据产品的复杂程度分解成若干个可以独立装配的单元，以减少总装配的工作流程。

不论是部件装配还是总装配都必须从装配基准件（基准零件或基准部件）开始，一般是按照“先下后上，先内后外，先难后易，先精密后一般，先重大后轻小”的原则确定装配顺序，同时安排必要的检验工序。教师可结合教材中单级齿轮减速器主动轴组件和从动轴组件装配示意图进一步说明其装配顺序。

(4）绘制装配单元系统图

在明确装配单元系统图含义的基础上，结合教材中单级齿轮减速器从动轴组件装配单元系统图，详细分析装配单元系统图的绘制方法与步骤。教师可让学生分组讨论并绘制单级齿轮减速器主动轴组件装配单元系统图。

(5）划分装配工序及装配工步

根据装配单元系统图，将整机或部件的装配工作划分成装配工序和装配工步。教师讲解时可结合生产实例讲清装配工序和装配工步的含义。

由一个工人或一组工人在不更换设备或地点的情况下完成的装配工作称为装配工序。

用同一工具，不改变工作方法，并在固定的位置上连续完成的装配工作称为装配工步。

装配工作一般由若干个装配工序组成，一个装配工序可以包括一个或几个装配工步。

(6）编写装配工艺文件

装配工艺卡片包含着完成装配工艺过程所必需的一切资料。教师讲解时可引导学生通过分析教材中的单级齿轮减速器装配工艺过程卡和从动轴组件装配工序卡，熟悉其格式及内容，并进一步明确装配工艺过程卡和装配工序卡的作用。尤其是大批量生产时，不仅要制定装配工艺过程卡，还要制定装配工序卡，以直接指导工人进行装配。

五、补充资料

1. 螺纹连接预紧力的控制方法及原理

对于一般紧固螺纹连接，且无预紧力要求的，可由操作者凭经验控制。当螺纹连接的预紧力有具体数值要求时，常用控制扭矩法、控制扭角法和控制螺栓伸长法来保证准确的预紧力。

（1）控制扭矩法

利用专用的力矩扳手控制预紧力。常用的有指针型和数显型，如图 13—2 所示，其具有力矩控制准确、直观、操作方便等特点。

图 13—2　力矩扳手

（2）控制扭角法

其原理是先把螺栓副拧紧到“密贴”位置，再转过一定角度 α，以达到螺纹连接预紧的目的。其转角 α 可由下式求得：

$$\alpha = 360° F_0 / P\ C_p$$

式中　F_0——预紧力；

P——螺距；

C_p——螺栓刚度。

（3）控制螺栓伸长法

该方法是通过测量螺栓伸长量来控制预紧力的，如图 13—3 所示。

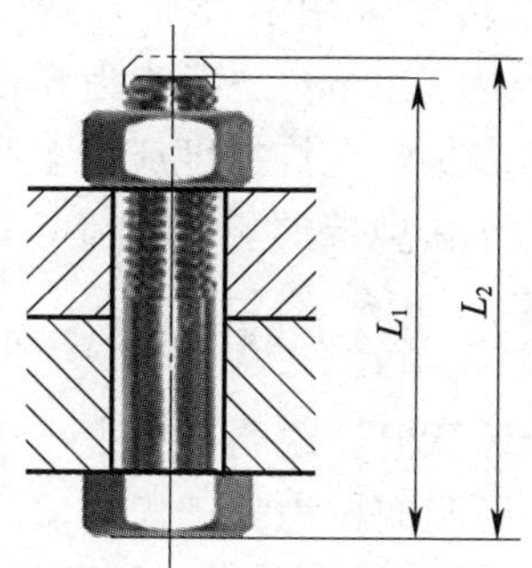

图 13—3　控制螺栓伸长法

2. V 带传动机构初拉力的检测

在 V 带传动中，规定在 G 测量载荷作用下，产生的挠度为：$f=\frac{1.6}{100}l$（l 是 V 带在两切点间的距离）。常用 V 带测量载荷 G 的大小可按表 13—1 推荐的数值选取。

表 13—1　　测定初拉力所需的测量载荷 G

V 带型号	小带轮直径（mm）	测量载荷 G（N/根） 带速 v（m/s） <10	10～20	20～30
Z	50～100	5～7	4.2～6	3.5～5.5
	>100	7～10	6～8.5	5.5～7
A	75～140	9.5～14	8～12	6.5～10
	>140	14～21	12～18	10～15
B	125～200	18.5～28	15～22	12.5～18
	>200	28～42	22～33	18～27
C	200～400	36～54	30～45	25～38
	>400	54～85	45～70	38～56

例题：已知 V 带传动采用 B 型带，两带轮切点间距离 l = 300 mm，小带轮直径为 130 mm，带速为 8 m/s。问检查其张紧力的测量载荷 G 应为多少？允许挠度应为多少？

解：查表 13—1 得 B 型带的测量载荷 G = 18.5 ~ 28 N/根，

挠度为：$f = \frac{1.6}{100} l = \frac{1.6}{100} \times 300 = 4.8(\text{mm})$

若实测挠度大于计算值，说明初拉力小于规定值；反之，实测挠度小于计算值，说明初拉力大于规定值。

3. 滚动轴承的代号、配合及滑动轴承材料

（1）滚动轴承的代号

由于滚动轴承的种类较多，各类型轴承又有不同的结构、尺寸、公差等级及技术性能，以满足各种不同的工作要求。为了便于选用和组织生产，国家标准（GB/T 272—2017）规定了轴承代号的表示方法。

轴承代号由基本代号、前置代号和后置代号构成。基本代号表示轴承的基本类型、结构和尺寸，是轴承代号的基础。前置代号、后置代号是轴承在结构形状、尺寸、公差、技术要求等有改变时，在其基本代号左右添加的补充代号。

1）滚动轴承的基本代号（滚针轴承除外）。滚动轴承的基本代号由轴承类型代号、尺寸系列代号（包括轴承的宽度系列和直径系列代号）和内径代号组成。其中，类型代号用阿拉伯数字或大写拉丁字母表示，尺寸系列代号和内径代号用数字表示，其排列顺序见表 13—2。

表 13—2　　滚动轴承的基本代号排列顺序

轴承类型代号	尺寸系列代号		内径代号
	宽度系列	直径系列	
右起第五位数字或字母	右起第四位数字	右起第三位数字	右起第一位和第二位数字

①轴承类型代号的含义见表13—3。

表13—3　　　　滚动轴承类型代号的含义

代号	轴承类型	代号	轴承类型
0	双列角接触球轴承	6	深沟球轴承
1	调心球轴承	7	角接触球轴承
2	调心滚子轴承和推力调心滚子轴承	8	推力圆柱滚子轴承
3	圆锥滚子轴承	N	圆柱滚子轴承（双列或多列用NN表示）
4	双列深沟球轴承	U	外球面球轴承
5	推力球轴承	QJ	四点接触球轴承

②尺寸系列代号由轴承的宽（高）度系列代号和直径系列代号组合而成。滚动轴承尺寸系列代号见表13—4。

表13—4　　　　滚动轴承尺寸系列代号

直径系列代号	向心轴承								推力轴承			
	宽度系列代号								高度系列代号			
	8	0	1	2	3	4	5	6	7	9	1	2
	尺寸系列代号											
7	—	—	17	—	37	—	—	—	—	—	—	—
8	—	08	18	28	38	48	58	68	—	—	—	—
9	—	09	19	29	39	49	59	69	—	—	—	—
0	—	00	10	20	30	40	50	60	70	90	10	—
1	—	01	11	21	31	41	51	61	71	91	11	—
2	82	02	12	22	32	42	52	62	72	92	12	22
3	83	03	13	23	33	—	—	—	73	93	13	23
4	—	04	—	24	—	—	—	—	74	94	14	24
5	—	—	—	—	—	—	—	—	—	95	—	—

③内径代号最右边两位数字表示轴承的公称内径尺寸。当轴承内径在20～480 mm范围内（内径22 mm、28 mm、32 mm除外），内径代号乘以5即为轴承内径尺寸。滚动轴承内径（10～17 mm）代号见表13—5。内径小于10 mm和大于等于500 mm的轴承，内径表示方法另有规定。

表13—5　　滚动轴承内径代号

内径代号	00	01	02	03	04、05、06……96
轴承内径（mm）	10	12	15	17	20、25、30……480

2）滚动轴承的前置代号。前置代号在基本代号之前，用字母表示，其含义见表13—6。

表13—6　　滚动轴承前置代号的含义

代号	含义	代号	含义
L	可分离轴承的可分离内圈或外圈	WS	推力圆柱滚子轴承轴圈
R	不带可分离内圈或外圈的轴承	GS	推力圆柱滚子轴承座圈
K	滚子和保持架组件	——	

3）滚动轴承的后置代号。滚动轴承的后置代号在基本代号之后，包括多组补充代号，用字母（或加数字）表示，其含义见表13—7。

表13—7　　滚动轴承后置代号的含义

组别顺序及内容		代号	含义
1	内部结构	C	公称接触角等于15°的角接触球轴承
		AC	公称接触角等于25°的角接触球轴承
		B	公称接触角等于40°的角接触球轴承
		E	加强型轴承

续表

组别顺序及内容		代号	含义
2	套圈变型、密封与防尘	K	圆锥孔轴承锥度1∶12（外球面球轴承除外）
		K30	圆锥孔轴承锥度1∶30
		R	轴承外圈有止动挡边
		N	轴承外圈上有止动槽
		—2RS	轴承两面带骨架式橡胶密封圈（接触式）
		—2RZ	轴承两面带骨架式橡胶密封圈（非接触式）
		—Z	轴承一面带防尘盖
		—2Z	轴承两面带防尘盖
		—RSZ	轴承一面带骨架式橡胶密封圈（接触式），一面带防尘盖
3	保持架及材料	—	按 JB 2974 的规定
4	轴承材料	—	按 JB 2974 的规定
5	公差等级	/P0	公差等级符合标准规定的 0 级，代号中省略不标
		/P6	公差等级符合标准规定的 6 级
		/$P6_x$	公差等级符合标准规定的 6_x 级
		/P5	公差等级符合标准规定的 5 级
		/P4	公差等级符合标准规定的 4 级
		/P2	公差等级符合标准规定的 2 级
6	游隙	/C1	游隙符合标准规定的 1 组
		/C2	游隙符合标准规定的 2 组
		—	游隙符合标准规定的 0 组，代号中不表示
		/C3	游隙符合标准规定的 3 组
		/C4	游隙符合标准规定的 4 组
		/C5	游隙符合标准规定的 5 组

续表

组别顺序及内容		代号	含义
7	配置	/DB	成对背对背安装
		/DF	成对面对面安装
		/DT	成对串联安装
8	其他	—	按 JB 2974 的规定

4）滚动轴承的代号示例

①N2312/P6，表示内径为 60 mm，23（中宽）系列的圆柱滚子轴承，公差等级 6 级。

②7208AC，表示内径为 40 mm，02（轻窄）系列的角接触球轴承，接触角等于 25°，公差等级普通级。

（2）滚动轴承的配合

滚动轴承是标准组件。为便于互换和专业生产，国家标准规定滚动轴承的内孔与轴的配合采用基孔制，而外圈与轴承座孔的配合为基轴制。且各种公差等级轴承的内径和外径公差带，均采用上极限偏差为零、公差带在零线的下方，如图 13—4 所示。而普通圆柱面基孔制的公差带是在零线以上。因此，轴承内孔与轴的配合，在同样的配合符号下将有较紧的配合。

（3）滑动轴承的材料

轴颈直接接触的是轴瓦，轴瓦材料的性能直接影响滑动轴承的寿命，为提高轴瓦性能，对其材料的基本要求是：摩擦系数小，耐磨性高，有足够的抗压、抗冲击性能与疲劳强度，同时还应具有抗胶合性、顺应性、嵌藏性、磨合性、润滑性、耐腐蚀性、导热性、工艺性、经济性以及膨胀系数小等性能。滑动轴承常用的材料有：铸铁、铜基轴承合金、含油轴承、轴承塑料、巴氏合金等。

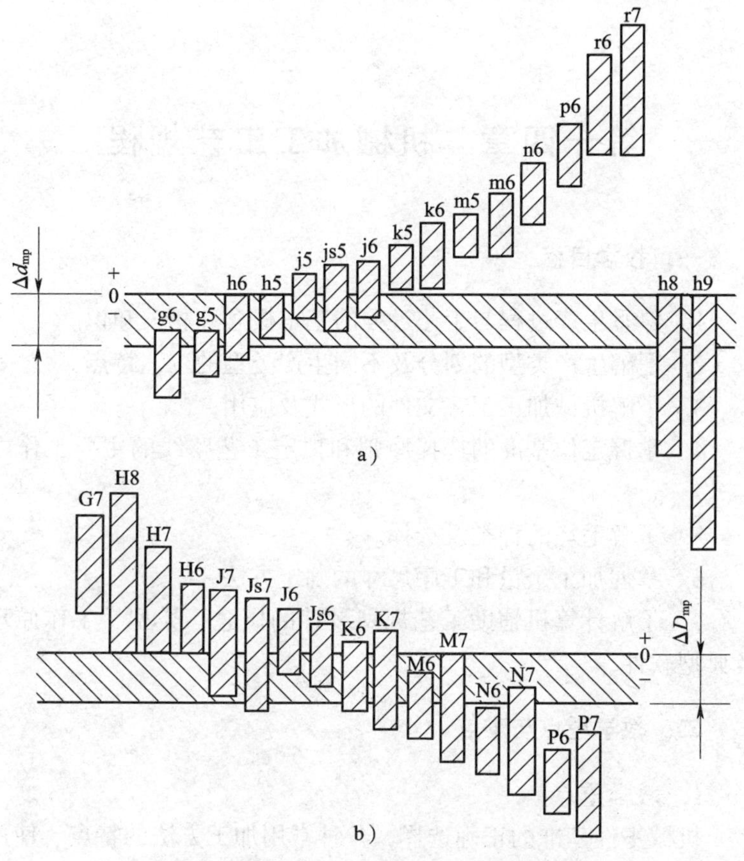

图 13—4　滚动轴承配合公差带示意图

a）轴承内孔与轴配合　b）轴承外圈与轴承座孔配合

第十四章　机械加工工艺规程

一、教学目标

1．熟悉生产过程与工艺过程的基本概念和相关知识。

2．了解生产类型的划分及不同生产类型的工艺特点。

3．了解机械加工工艺文件的形式及应用。

4．掌握定位基准的选择原则和拟定工艺路线的主要工作内容。

5．了解毛坯的种类及选择。

6．掌握加工余量和工序尺寸的确定方法。

7．了解计算机辅助工艺规划设计的概念、类型、工作原理及典型软件。

二、教学重点与难点

1．教学重点

机械零件基准的正确选择，各种常用加工方法的特点、使用场合及能达到的精度要求，零件加工余量和工序尺寸的确定是本章教学的重点。掌握了这些知识，一个机械零件合理的加工工艺路线就会非常清晰，制定出的规程自然更加正确，由此选择的毛坯材料、工艺文件形式等更加实用、经济。建议教师在教学中对这几方面的内容加以重视，尽可能联系实际引导启发学生，让他们加深理解、融会贯通。计算机辅助工艺规划设计也是本章的一个重点知识，让学生了解计算机辅助工艺规划设计的概念、类型、工作原理及典型软件。

2. 教学难点

机械零件工艺路线的正确拟定是本章的教学难点。这需要教师对机械加工工艺过程的相关工艺知识、常用加工方法的特点等有比较系统的深入理解，对怎样保证零件质量要求从工艺流程整体上能统筹把握。建议教师在做好教学重点内容讲解的基础上，运用多媒体教学手段或带领学生深入企业车间，加深学生对零件加工工艺过程的感性认识，结合实际案例进行教学。在案例教学中，针对一个零件设计出不同的加工工艺方案，围绕保证产品质量、提高效率，分析问题，解决问题，从而让学生领悟机械零件工艺路线拟定的真谛。

三、学时分配表

章节内容	建议学时
§14—1　基本概念	8（含2个实训学时）
§14—2　基准的选择	6
§14—3　工艺路线的拟定	8（含2个实训学时）
§14—4　毛坯的选择	2
§14—5　加工余量和工序尺寸的确定	8（含2个实训学时）
§14—6　计算机辅助工艺规划设计（CAPP）	2

四、教学设计与建议

（一）基本概念

机械加工工艺规程是规定产品或零部件机械加工工艺过程和操作方法的工艺文件，是一切有关技术生产人员都应严格执行、认真贯彻的纪律性文件。生产规模的大小、工艺水平的高低以及解决各种工艺问题的方法和手段都要通过机械加工工艺规程来体现。本节涉及的基本概念较多，规范性强，是本章课程体系的基础理论。教学时，建议教师先通过参观某一产品的生产过程或观看相关的视频资料，让学生对工件的生产过程有一个较为感性的认识，再通过课堂教学的方式导入本章的教学内容。

1. 机械产品的生产过程与工艺过程

机械产品的生产过程是将原材料转变为成品的所有劳动过程。工艺过程是用切削的方法逐步改变毛坯的形状、尺寸、相对位置和材料性能，使之成为半成品或成品的过程，是生产过程的重要组成部分。在学生对生产过程有了感性认识的基础上，进一步讲解生产过程和工艺过程的概念、组成和相互间的关系，使学生对生产工艺过程有一个比较清楚的了解。

2. 工艺过程的组成

工艺过程可分为毛坯制造、机械加工、热处理和装配等。在教学中主要针对机械加工工艺过程进行具体介绍。建议讲解过程中对于工序、安装、工位、工步等工艺内容进行具体介绍，不要仅停留于概念定义讲解上，应通过现场参观、实例讲解来加深学生对相关概念的理解和掌握。

（1）工序

学习工序的概念，应着重理解和掌握以下几点：

1）工序是工艺过程的基本单元，也是编制生产计划和进行成本核算的基本依据。

2）划分工序的主要依据是工件加工过程中的工作地点、工人、工件和连续作业是否变动。

3）生产类型不同工序的划分也不同。如教材表 14—1 中工序 2 的加工任务与表 14—2 中工序 2 至工序 5 中的加工任务是一样的，加工设备也没有发生变化。在单件小批量生产时，工序相对集中，用一道工序；在成批量生产时，工序相对分散，车端面、打中心孔与粗车外圆的工作分别进行，已不是由一个工人在一台机床上完成，生产过程也不再连续，所以工序的划分由原来的一道变成了四道。

(2) 安装

工艺过程中的安装与一般所指的安装在含义上有所不同，教师讲解安装概念应注意以下几点：

1）安装与装夹的区别。工艺过程中，同一道工序中每定位和夹紧一次所完成的那部分工序内容是一次安装；而装夹是将工件在机床上或夹具中定位、夹紧的过程。一道工序中工件可能被装夹一次，也可能被装夹多次。定位是确定工件在机床上或夹具中占有正确位置的过程。夹紧是工件定位后将其固定，使其在加工过程中保持定位位置不变的操作。

2）应尽可能地减少工序中安装的个数，一个工序可以只包含一个安装或包含多个安装。工序中包含的安装个数多，不仅增加装卸工件的辅助时间，而且影响工件的位置精度。在批量生产中，为减少工序中安装的个数，常采用转位（或移位）夹具实现多工位加工。

(3) 工步

工步是工序的一部分。讲解工步的概念，应着重理解和掌握以下几点。

1）不同的工序所包含的工步数量不等。一个工序可以只有一个工步，也可以包含若干个工步。

2）构成工步的要素是加工表面、切削刀具、切削用量。改变其中任意一个要素或两个要素同时改变，即成为另一个工步。

3）用多刀多刃或复合刀具同时对工件上几个表面进行加工的工步称为复合工步，复合工步也视为一个工步。

明确上述概念后，教师联系生产规模大小、技术水平高低引出生产类型的分类与特点、机械加工工艺文件的形式及应用，进行讲解和分析。

3. 生产类型及其工艺特征

生产类型是生产结构类型的简称，是产品的品种、产量，生产的专业化程度，在技术、组织、经济效果等方面的综合表现。

教师应讲清楚生产类型的种类，强调如下内容：成批生产根据批量的大小，又分为小批生产、中批生产和大批生产。小批生产工艺过程的特点与单件生产相似；大批生产工艺过程的特点与大量生产相似；中批生产工艺过程的特点则介于单件、小批生产与大批、大量生产之间。对于这部分教学内容，重点是在讲清生产类型种类的前提下，对不同生产类型的特点进行分析讲解。

4. 机械加工工艺文件

工艺文件是指导工人操作和用于生产、工艺管理的技术文件，机械加工工艺文件的基本格式有三种：机械加工工艺过程卡、机械加工工艺卡、机械加工工序卡。三种基本格式的详细程度、适用场合等各有不同，可根据教材表14—5、表14—6和表14—7，结合实例集中进行讲解、剖析，让学生理解三种文件形式的不同和特点。

在这一教学过程中，要注意讲清楚工艺规程在生产中的重要作用，强调在生产中必须严格执行工艺规程的各项规定。在许多情况下，一个工件或产品的工艺过程并不是唯一的，但在一定的生产条件下，总是存在着一个（或几个）相对最佳的合理方案。通常将比较合理的工艺过程确定下来，写成工艺规程，作为组织生产和进行技术准备的依据。工艺规程是由一系列工艺步骤组成的，将工艺步骤的内容填入一定格式的卡片，即成为不同形式的机械加工工艺文件。

教师讲解时不但要讲清楚每种工艺文件的用途、形式和内容，还应从零件图提供的工件结构特征、技术参数和工件加工的工艺类型入手进行比较深入的分析，引导学生结合相应的工艺卡，按步骤进行分析解读，并最好在此基础上对该工件机械加工工艺过程中顺序的安排、工艺装备的选取等内容进行必要的解析，以加深学生对工艺过程和工艺卡指导作用的理解。选取一个较简单的工件或工件的某一工序，通过课堂讨论的方式完成工艺卡或工序卡的填写，加强学生对生产工艺卡内容的了解和识读能力。

机械加工工艺文件的格式在不同行业、不同企业的应用有所不同。目前，机械加工工艺规程还没有统一的格式，由各企业、工厂根据产品和工件的复杂程度、生产类型和技术、生产及质量管理水平自行拟定，因而这些工艺规程繁简不一、形式各异，但所有工艺规程都必须包含原始条件、工艺过程、审批内容及更改记录等四方面的内容。其中，审批内容中的会签栏是技术、生产管理中横向联系和协调的需要。例如，机械加工工艺过程中的热处理和表面处理要求，需要其他车间协助完成的某些机械加工工序要求等必须经技术认可会签；更改记录中的各项或文件内容应采取“划改”（保持更改前的内容清晰可辨）而不允许使用“涂改”。

（二）基准的选择

基准根据其作用通常分为设计基准和工艺基准。工艺基准分为工序基准、定位基准、装配基准和测量基准。

设计基准的正确与否关系到产品工艺结构的合理性和技术性能的先进性，也是机械加工中重要的技术基础。考虑到其在机械加工工艺过程中的作用，教学中只要讲清概念，让学生有所了解即可，不必做深入的探究。工艺基准中的工序基准和定位基准在零件加工工艺规程中贯穿始终，对制定合理正确的工艺路线、保证产品质量、降低生产成本、提高生产效率具有全局性、关键性的作用。教学中应作为重点内容，在讲解概念的同时，理论联系实际，运用多媒体或案例教学，引导学生加深对相关概念的理解，结合案例提出问题，启发学生思考分析。尤其是定位基准的选择，要结合教材中的几个实例，将粗精加工时的选择原则讲清讲透。如果有条件可进一步联系实际，引入较多的学生看得见摸得着的实例充实到该部分的教学中。让学生明白：定位基准选择得合理与否，将直接影响工件的加工工艺。基准选择不当，往往会增加工序，使工艺路线不合理，或使夹具设计困难，甚至达不到工件的加工精度（特别是位置精度）要求。

正确的测量基准可以保证顺利准确测量零件的精度，有利于整个工件的加工工序顺利进行，客观真实反应产品质量；装配基准关系到产品的装配精度和质量，对实现产品的设计性能、技术指标十分重要。这是教师讲授测量基准和装配基准概念及其应用时需要把握的基本认识。

（三）工艺路线的拟定

工艺路线的拟定需要考虑多方面因素，围绕生产合格产品，统筹兼顾综合平衡，寻求正确、合理、可行、经济的方案。

1. 制定工艺规程的技术依据和步骤

（1）制定工艺规程的技术依据

教材中列出了五个方面的依据，概括来说是产品和企业两个方面：产品的质量标准及结构情况；企业的生产类型及生产条件。这些问题教材从概念角度已经做了介绍，在此应考虑从工艺路线拟定的角度引导学生加深对这些概念的理解。

（2）制定工艺规程的步骤

制定工艺规程的八个步骤是一个概括性的框架，教学中应让学生对每一个环节内容有比较清晰的了解，熟悉其中的概念和相关知识。由于涉及范围较广，不求短时间内全面掌握，可随着后面的学习及时跟进相关的知识内容，加深理解，学以致用。

2. 工艺路线的拟定

（1）表面加工方法的选择原则

要合理制定安排工件加工工艺，不仅要熟悉加工方法的选择原则，还要了解各种表面具体的加工方法及其加工特点、能达到的经济精度等级等内容。而每一种表面的加工方法又都不是唯一的，如何选用最合理的加工方案还要考虑工件的余量和技术条件等，这就需要对各种加工方法的特点有比较全面的理解和认知。可选择一个比较典型的工件（如台阶轴）让学生进行课堂讨论，这些工件加工过程中都要用到哪些机床？哪些加工方法？从而自然引入对表面加工方法的选择中来。通过讨论，引导学生反思他们在确定某一表面的加工方法时是否综合考虑了以下因素：该加工表面所要达到的加工技术要求；该工件所用材料的性质、硬度和毛坯的质量；该工件的结构形状和加工表面的尺寸；该工件在加工中的生产类型；现有设备情况；所选择加工方法能达到的经济精度和表面粗糙度等。建议通过举例或围绕学生选择的方法是否满足了以下原则进行点评分析，从而加深学生对加工方法选择原则的理解。教学中应注意与学生间的沟通与互动。

1）所选的最终加工方法的经济精度及表面粗糙度要与加工表面的精度和表面粗糙度要求相适应。

2）所选加工方法要能保证加工表面的几何形状精度和表面相互位置精度要求。

3）所选加工方法要与工件的结构、加工表面的特点和材料等因素相适应。

4）所选加工方法要与企业的生产类型相适应。

5）加工方法要与工厂现有的生产条件相适应。

教师结合学生的讨论进行总结并给出表面加工方法的选择原则。而在介绍表面加工方法选择原则时，必然要涉及工件的加工精度、表面质量要求，材质、毛坯的选择、生产类型，以及生产效率、经济性等一系列具体的问题。

(2) 常见表面的加工方案

为了保证工件的加工质量、生产效率和经济性，就要求合理地安排工艺路线，将工艺路线划分为几个阶段，并在不同阶段和不同精度要求的表面加工中去选择合理的加工方法。再充分利用图表、幻灯片及视频资料来介绍典型表面的加工方法及特点，分析讲解典型的加工方案和不同加工方案的适用条件。教材中对典型表面的加工分为外圆面加工、内圆面加工、平面加工几个部分。其中对于内、外圆表面和平面加工所涉及的方法和设备都已在前面的章节中介绍过。所以教学中可以采用与学生互动的方式，通过回顾总结来介绍加工方法，在学生对设备和方法有了基本了解的基础上，再对各种不同加工方法的应用范围进行分析总结。

(3) 工序的集中与分散

所谓工序集中就是整个工艺过程中所安排的工序数量最少，即在每道工序上所加工的表面数量最多，集中到极限时，一道工序就能把工件加工到图样规定的要求。而工序分散却正好相反，安排工序数量多，每道工序加工的表面数量少。分散到极限时，一道工序上只包括一个简单工步的内容。

这部分内容教材中除了概念还有工序集中与分散的特点，讲解时应考虑其他方面的知识如企业类型、生产批量等，结合实例融会贯通。如教材表 14—1 中齿轮轴单件小批生产时，两道工序就把齿轮轴的粗车完成了，而在教材表 14—2 中完成同样的加工任务则需要五道工序。引入这样的例子后，有利于学生加深对工序集中、工序分散及其特点的理解，与此相联系的其他知识点进一步得到温习和巩固，如生产类型及其工艺特征等。

(4) 加工顺序的安排

加工顺序的安排是以划分加工阶段为前提的。

1) 划分加工阶段。从分析划分加工阶段的原因和目的入手，讲清楚各加工阶段的任务和意义。在拟定工件工艺路线时，一般应遵守划分加工阶段这一原则，但具体应用时还要根据工件的情况灵活处理，例如，对于精度和表面质量要求较低而工件刚度足够、毛坯精度较高、加工余量较小的工件，可不划分加工阶段。又如一些特大型工件，若加工精度不高，则可一次装夹完成加工，避免烦琐的多次安装和运输。

还需指出的是，将工艺过程划分成几个加工阶段是对整个加工过程而言的，不能单纯从某一表面的加工或某一工序的性质来判断。例如工件的定位基准，在半精加工阶段甚至在粗加工阶段就需要加工得很准确，而在精加工阶段中安排某些钻孔之类的粗加工工序也是常有的。

学习和掌握加工阶段划分的作用和各加工阶段主要任务的概念时，应强调以下几点：

不是所有工件都要机械地划分为四个加工阶段，一些简单的工件可以不划分加工阶段，一些余量小的毛坯件可以省略粗加工阶段。

加工阶段的划分，对于工件上各个表面的加工并不需要同步，一些非主要表面可能在粗加工中就已达到加工要求，有些表面则不经粗加工而在半精加工或精加工阶段即可一次完成。

在工件加工的工艺过程中，加工阶段之间常以热处理工序为界进行区分。这在粗精加工工序之间、改善提高零件的力学性能前后用得比较普遍。

2）工序顺序的安排。工序顺序的安排包括切削加工顺序的安排、热处理工序的安排、辅助工序的安排。切削加工顺序的安排一般应遵循先粗后精、先主后次、基面先行、先面后孔的原则。这是生产经验的总结和升华，建议教师能举例进行讲解，以免生硬和枯燥。热处理工序的安排应联系工件的技术要求、热处理的目的进行讲解和介绍，这需要教师有比较丰富的工艺知识和经验。辅助工序的安排比较好理解，让学生了解一下即可。

3. 工艺路线拟定实例

讲解教材中拟定齿轮轴工艺路线的实例，之后选择类似的零件让学生进行练习，拟定工艺路线，根据学生练习中出现的问题和薄弱环节，有针对性地进行分析讲解，加深学生对相关知识的理解和把握，增强学生发现问题、解决问题的能力。

（四）毛坯的选择

毛坯的选择包括毛坯种类的选择和毛坯制造方法的选择。

这一节教材内容较少，建议教师在讲解基本知识的同时，能结合具体的零件，立足确保产品设计要求和现有生产技术条件两个方面，展开相关内容的教学。如箱体类、机床床身等形状复杂且有一定性能要求的零部件，只能考虑用铸造的方法获得，这就是从满足产品设计要求角度出发的。而铸造的方法采用砂型铸造就可以了，这是从现有生产技术条件角度考虑的。举一反三，其他知识的讲授同样如此。

毛坯的选择对零件的质量、材料的消耗及加工时间都有直接影响。在选择时应综合考虑毛坯制造和机械加工的成本，力求经济效益最大化。这对教师的知识面、生产实践经验都有较高的要求。

（五）加工余量和工序尺寸的确定

1. 讲解时应重点注意的问题

(1) 确定工序余量的基本依据是：保证加工表面经加工后不再留有前工序的加工痕迹和缺陷，在满足这一要求的前提下，工序余量越小越好。这里所说的前工序是指本工序所加工表面上一次被加工时的那道工序，而不是工艺过程中顺序上的前面那道工序。

(2) 由于毛坯制造和切削加工都存在加工误差，对于成批工件来说，其工序余量是变化的。因此，加工余量有基本余量、最大余量和最小余量之分。

(3) 计算工序余量时，要注意加工表面的属性即外表面和内表面的区分。外表面与内表面是相对于外圆表面和内孔表面加工特性而言的。外表面相当于外圆表面经加工后直径减小；内表面相当于内孔表面经加工后孔径增大。

(4) 加工余量的确定方法，目前主要采用查表修正法。在查表确定工序余量时，应注意区分单面余量与双面余量。

(5) 工序尺寸及其公差的确定：中间各工序的工序尺寸公差如果规定过小，将造成加工困难，影响加工的经济性；若规定过大，则会影响加工余量的变化量和使后续工序的加工精度不易保证。中间工序的工序尺寸公差一般按该工序加工方法的经济加工精度确定。但在下列情况下应进行特殊处理：当被加工表面在后续工序中要用作定位基准，而该工序的工序尺寸公差又不能满足定位精度要求时，必须按定位精度要求缩小该工序的工序尺寸公差。需要渗碳、渗氮的零件表面，渗碳、渗氮前的加工工序及公差，必须与零件图样中规定的渗碳、渗氮层深度允许的变化量相符合。这时，工序尺寸及其公差应按工艺尺寸链计算结果确定。

2. 采用案例教学法

加工余量和工序尺寸的确定实用性强，建议采用案例教学法。教材中给出了两个轴类零件的实例，可作为重点内容加以介绍。之后布置类似的作业和练习，检查学生的掌握情况。

（六）计算机辅助工艺规划设计（CAPP）

1. CAPP 的基本概念及其应用意义

（1）CAPP 的基本概念

教师讲解 CAPP 的含义，让学生了解 CAPP 作为 CAD 与 CAM 的中间环节，是重要的生产准备工作之一。它利用计算机搭建了设计与制造之间的桥梁，强调工艺过程的自动设计。

（2）应用 CAPP 的意义

教师讲解应用 CAPP 的意义，激发学生的学习兴趣。

2. CAPP 的组成与基本结构

教师介绍 CAPP 系统的组成与基本结构，让学生了解 CAPP 组成部分的功能。

3. CAPP 的类型及其工作原理

教师介绍 CAPP 的主要类型，让学生了解每种类型的特点和应用。

（1）检索式 CAPP 系统

检索式 CAPP 系统常应用于大批、大量生产模式，工件的种类很少，零件变化不大且相似程度很高。

（2）派生式 CAPP 系统

这是一种建立在成组技术基础上的 CAPP 系统。派生式 CAPP 是利用“零件有相似性，相似零件有相似工艺过程”的原理，通过检索相似典型零件的工艺过程，加以增删或编辑而派生一个新零件的工艺过程。

(3) 创成式 CAPP 系统

创成式 CAPP 系统的核心是工艺决策逻辑，在创成式 CAPP 系统中，由计算机模仿工艺人员的逻辑思维能力，以人机交互的方式或自动地进行各种决策和计算。

(4) 综合式 CAPP 系统

综合式 CAPP 系统是模拟专家组的工作方式，是集检索式、派生式和创成式为一体的综合式系统。

4. 典型 CAPP 软件介绍

教师简要介绍典型 CAPP 软件的主要功能，让学生了解各软件的使用方法。

五、补充资料

1. 典型表面的加工路线

外圆、内孔和平面加工量大且面广，习惯上把机器零件的这些表面称作是典型表面。根据这些表面的精度要求选择一个最终的加工方法，然后辅以先导工序的预加工方法，就组成一条加工路线。长期的生产实践考验了一些比较成熟的加工路线，这些加工路线对编制工艺规程具有指导作用。

(1) 外圆表面的加工路线

零件的外圆表面主要采用下列四条基本加工路线来加工。

1) 粗车→半精车→精车。这是应用最广的一条加工路线。只要工件材料可以切削加工，公差等级≤IT7，表面粗糙度值大于等于0.8 μm的外圆表面都可以在这条加工路线中加工。如果加工精度要求较低，可以只取粗车；也可以只取“粗车→半精车”。

2) 粗车→半精车→粗磨→精磨。对于黑色金属材料，特别是对半精车后有淬火要求，公差等级≤IT6，表面粗糙度值大于等于 16 μm 的外圆表面，一般可安排在这条加工路线中加工。

3）粗车→半精车→精车→金刚石车。这条加工路线主要适用于工件材料为有色金属（如铜、铝），不宜采用磨削加工方法加工的外圆表面。

金刚石车是在精密车床上用金刚石车刀进行车削。精密车床的主运动系统多采用液体静压轴承或空气静压轴承，送进运动系统多采用液体静压导轨或空气静压导轨，因而主运动平稳，送进运动比较均匀，少爬行，可以有比较高的加工精度和比较小的表面粗糙度值。目前，这种加工方法已用于尺寸精度为 0.01 μm 和表面粗糙度值为 0.005 μm 的超精密加工中。

4）粗车→半精车→粗磨→精磨→研磨、砂带磨、抛光以及其他超精加工方法。这是在“粗车→半精车→粗磨→精磨”基础上又加进其他精密、超精密加工或光整加工工序。这些加工方法多以减小表面粗糙度、提高尺寸精度、形状精度为主要目的，有些加工方法，如抛光、砂带磨等则以减小表面粗糙度为主。

砂带磨削是以粘满砂粒的砂带高速回转，工件缓慢转动并作送进运动对工件进行磨削加工的加工方法。砂带磨削有抛光性质。超精密砂带磨削可使工件表面粗糙度达到 0.008 μm。

抛光是用敷有细磨粉或软膏磨料的布轮、布盘或皮轮、皮盘等软质工具，靠机械滑擦和化学作用，减小工件表面粗糙度值的加工方法。这种加工方法去除余量通常小到可以忽略，不能提高尺寸精度和位置精度。

（2）孔的加工路线

常见孔的加工路线可分为四条基本的加工路线。

1）钻→粗拉→精拉。这条加工路线多用于大批、大量生产盘套类零件的圆孔、单键孔和花键孔加工。其加工质量稳定、生产效率高。当工件上没有铸出或锻出的毛坯孔时，第一道工序需安排钻孔；当工件上已有毛坯孔时，则第一道工序需安排粗镗孔，以保证孔的位置精度。如果模锻孔的精度较好，也可以直接安排拉削加工。拉刀是定尺寸刀具，经拉削加工的孔一般为 7 级精度的基准孔（H7）。

2）钻→扩→铰→手铰。这是一条应用最为广泛的加工路线，在各种生产类型中都有应用，多用于中、小孔加工。其中扩孔有纠正位置精度的能力，铰孔只能保证尺寸、形状精度和减小孔的表面粗糙度值，不能纠正位置精度。当对孔的尺寸精度、形状精度要求比较高，对表面粗糙度值要求又比较小时，往往安排一次手铰加工。有时，用端面铰刀手铰，可用来纠正孔的轴线与端面之间的垂直度误差。铰刀也是定尺寸刀具，所以经过铰孔加工的孔一般也是 7 级精度的基准孔（H7）。

3）钻或粗镗→半精镗→精镗→浮动镗或金刚镗。下列情况下的孔多在这条加工路线中加工：

①单件小批生产中的箱体孔系加工。

②位置精度要求很高的孔系加工。

③在各种生产类型中，直径比较大的孔，如 ϕ80 mm 以上，毛坯上已有位置精度比较低的铸孔或锻孔。

④材料为有色金属，需要由金刚镗来保证其尺寸、形状和位置精度以及表面粗糙度的要求。

在这条加工路线中，当工件毛坯上已有毛坯孔时，第一道工序安排粗镗，无毛坯孔时则第一道工序安排钻孔。后面的工序视零件的精度要求可安排半精镗也可安排“半精镗—精镗”，或安排“半精镗—精镗—浮动镗”“半精镗—精镗—金刚镗”。

金刚镗是指在精密镗头上安装刃磨质量较好的金刚石刀具或硬质合金刀具进行高速、小进给精镗孔。金刚镗床也有精密和普通之分。精密金刚镗指金刚镗床的镗头采用空气（或液体）静压轴承，送进运动系统采用空气（或液体）静压导轨，镗刀采用金刚石镗刀进行高速、小进给镗孔加工。

4）钻（或粗镗）→半精镗→粗磨→精磨→研磨或珩磨。这条加工路线主要用于淬硬零件加工或精度要求较高的孔加工。其中，研磨孔是一种精密加工方法，研磨孔用的研具是一个圆棒。研磨时工件进行回转运动，研具进行往复送进运动。有时工件也可不动，研具同时进行回转和往复送进运动，同外圆研磨一样，需要配置合适的研磨剂。

对上述孔的加工路线进行两点补充说明：

①上述各条孔加工路线的终加工工序，其加工精度在很大程度上取决于操作者的操作水平（刀具刃磨、机床调整和对刀等）。

②对以微米为单位的特小孔加工，需要采用特种加工方法，如电火花打孔、激光打孔、电子束打孔等。有关这方面的知识，可根据需要查阅有关资料。

(3) 平面的加工路线

常见平面的加工路线可按以下五条基本加工路线来介绍。

1) 粗铣→半精铣→精铣→高速铣。在平面加工中，铣削加工用得最多，这主要是因为铣削生产效率高。近代发展起来的高速铣，其公差等级比较高（IT6 ~ IT7），表面粗糙度值也比较小（0.16 ~ 1.25 μm）。在这条加工路线中，视被加工面的精度和表面粗糙度的技术要求，可以只安排粗铣，或安排粗、半精铣，粗、半精、精铣以及粗、半精、精、高速铣。

2) 粗刨→半精刨→精刨→宽刀精刨或刮研。刨削适用于单件小批生产，特别适合于窄长平面的加工。刮研是获得精密平面的传统加工方法。由于刮研的劳动量大，生产效率低，所以在批量生产的一般平面加工中，常被磨削加工代替。

同铣平面的加工路线一样，可根据平面精度和表面粗糙度要求，选定工序，截取前半部分作为加工路线。

3) 粗铣（刨）→半精铣（刨）→粗磨→精磨→研磨、导轨磨、砂带磨或抛光。如果被加工平面有淬火要求，则可在半精铣（刨）后安排淬火。淬火后需要安排磨削工序，视平面精度和表面粗糙度要求，可以只安排粗磨，也可只安排“粗磨—精磨”，还可以在精磨后安排研磨或精密磨。

4）粗拉→精拉。这条加工路线生产效率高，适用于有沟槽或有台阶面的零件。例如，某些内燃机气缸体的底平面、连杆体和连杆盖半圆孔以及分界面等就是在一次拉削中直接完成的。由于拉刀和拉削设备昂贵，因此这条加工路线只适合在大批、大量生产中采用。

5）粗车→半精车→精车→金刚石车。这条加工路线主要用于有色金属零件的平面加工，这些平面有时就是外圆或孔的端面。如果被加工零件是黑色金属，则精车后可安排精密磨、砂带磨或研磨、抛光等。

2. 关于划分加工阶段的原因和目的

(1) 保证加工质量的需要

工件在粗加工时，由于要切除掉大量金属，因而会产生较大的切削力和切削热，同时也需要较大的夹紧力，在这些力和热的作用下，工件会产生较大的形变。而且经过粗加工后工件的内应力会重新分布，也会使工件发生形变。如果不划分加工阶段而连续加工，就无法避免和修正上述原因所引起的加工误差。加工阶段划分后，粗加工造成的误差通过半精加工和精加工可以得到修正，并逐步提高工件的加工精度和表面质量，保证了工件的加工要求。

(2) 合理使用机床设备的需要

粗加工一般要求功率大、刚度高，生产效率高而精度不高的机床设备。而精加工需采用精度高的机床设备，划分加工阶段后就可以充分发挥粗、精加工设备各自的性能特点，做到合理使用设备。这样不但提高了粗加工的生产效率，而且也有利于保持精加工设备的精度和使用寿命。

(3) 及时发现毛坯缺陷的需要

毛坯上的各种缺陷（如气孔、砂眼、夹渣或加工余量不足等)，在粗加工后即可被发现，便于及时修补或决定报废，以免继续加工造成工时和加工费用的浪费。

(4) 便于合理安排热处理工序的需要

热处理工序使加工过程划分成几个阶段，如精密主轴在粗加工后进行去除应力的人工时效处理，半精加工后进行淬火，精加工后进行低温回火和冰冷处理，最后再进行光整加工。这几次热处理就把整个加工过程划分为“粗加工—半精加工—精加工—光整加工”几个阶段。

3. 工艺规程的作用

(1) 工艺规程是指导生产的主要技术文件

工艺规程是在总结广大工人和技术人员实践经验的基础上，依据工艺理论和必要的工艺试验而制定的。按照工艺规程进行生产，可以保证稳定的产品质量和较高的生产效率，取得较好的经济效益。

(2) 工艺规程是组织和管理生产的基本依据

在产品投产前要根据工艺规程进行有关的技术和生产准备工作，如安排原材料及毛坯的供应、专用工装设备的设计与制造、生产计划的编排、劳动力的组织、经济核算等工作。这些都是以工艺规程为基本依据的。

(3) 工艺规程是新建、改建、扩建工厂或车间的基本资料

在新建、改建、扩建工厂或车间时，只有根据工艺规程和生产纲领才能准确地确定生产所需的机床和其他设备的种类、规格及数量，车间的面积、机床的布置、附属设施的建造，以及工人的数量、等级、专业等。

(4) 工艺规程是进行技术交流、开展技术革新的基本资料

典型和标准的工艺规程能缩短生产的准备时间，提高经济效益。先进的工艺规程必须广泛吸取合理化建议，才能适应科学技术的不断发展。工艺规程也是开展技术革新和技术交流必不可少的技术语言和基本资料。

4. 工时定额

工时定额是机械加工工艺过程卡的主要内容之一，是工艺规程的重要组成部分，是安排生产计划、进行成本核算、确定设备数量、人员编制及规划生产场地面积的重要依据。合理地确定工时定额，能调动工人工作的积极性，促进工人技术水平的提高，对保证产品质量、提高生产率、降低生产成本都是十分重要的。一般情况下，应根据各工序余量和工序加工精度要求确定工时定额。

工时定额是指在一定生产条件下所规定的生产一件产品或完成某一工序所需消耗的时间。工时定额由以下几部分组成：

（1）基本时间 T_j

基本时间是指直接用于改变生产对象的尺寸、形状、相互位置、表面状态或材料性质等工艺过程所消耗的时间。对于切削加工而言，基本时间是指切除材料所消耗的机动时间，包括真正用于切削加工的时间以及切入与切出时间。

（2）辅助时间 T_f

辅助时间是指为实现工艺过程所必须进行的各种辅助动作所消耗的时间。辅助动作包括装卸工件、开停机床、改变切削用量、测量工件、引进和退出刀具等。确定辅助时间的方法主要有：

1）在大批量生产中，将各辅助动作分解，然后采用实测的方法确定各分解动作所消耗的时间，最后予以综合。

2）在中批量生产中，可根据以往统计资料来确定。

3）在小批量生产中，按基本时间的一定比例估算，并在实际生产中修改，使之趋于合理。

基本时间和辅助时间的总和称为作业时间，它是直接用于制造产品或零部件所消耗的时间。

（3）布置工作地时间 T_b

布置工作地时间是指为使加工正常进行，工人照管工作地

(如更换刀具、润滑机床、清理切屑、收拾工具等)所消耗的时间。它不是直接消耗在每个工件上的，而是消耗在一个工作班内的时间，再折算到每个工件上。一般按作业时间的2% ~7%估算。

(4)休息和生理需要时间 T_x

休息和生理需要时间是指工人在工作班内恢复体力和满足生理需要所消耗的时间。T_x是按一个工作班为计算单位，再折算到每个工件上。对普通机床操作工人，一般按作业时间的2%估算。

(5)准备和终结时间 T_z

准备和终结时间是指工人为了生产一批产品或零部件进行准备和结束工作所消耗的时间，包括加工一批工件前熟悉工艺文件、准备毛坯和工艺装备，安装刀具和夹具，调整机床等准备工作，加工一批工件后拆下和归还工艺装备，发送成品等结束工作所消耗的时间。T_z是消耗在一批工件上的时间，因而分解到每个工件上的时间为 T_z/n，其中 n 为批量。

第十五章　典型零件的加工工艺

一、教学目标

1. 了解轴类、套类、齿轮类、箱体类工件的功用、分类、结构和技术要求。

2. 能正确选择典型工件的材料和毛坯。

3. 学会分析和编制简单典型工件的加工工艺过程。

二、教学重点与难点

1. 教学重点

典型零件的加工工艺涉及的机械加工基础知识多、范围广，是机械制造工艺基础课程的“落脚点”，对学生了解机械零件的加工工艺相关知识，学会零件加工工艺分析，形成机械加工工艺方法的编制能力都具有非常重要的指导意义，是本章教学中的重点。

2. 教学难点

教学内容涉及的知识面广，与前面各章节内容的内在联系多，与实际生产联系紧密，将这些知识结合具体的典型零件用好用活，需要丰富的实践经验、扎实的专业基础理论和分析解决问题的综合能力，是本章教学的难点。

三、学时分配表

章节内容	建议学时
§15—1　轴类零件的加工工艺	14（含 2 个实训学时）
§15—2　套类零件的加工工艺	8
§15—3　箱体类零件的加工工艺	8
§15—4　齿轮的加工工艺	6

四、教学设计与建议

典型零件主要包括轴类零件、套类零件、齿轮、箱体类零件。本章教材的编写体例按照各类典型零件分别从以下两个方面展开：

1. 零件的结构、材料和工艺分析

这部分主要分类介绍典型零件的功用、结构、材料、毛坯及加工工艺分析。这部分内容教材篇幅不多但涉及面较广，建议教师在教学过程中能结合前面的相关知识进行讲解，让学生了解典型零件加工工艺应掌握的知识结构和基本要求。

2. 典型零件的工艺分析

这是本章的重点内容，也是衡量本课程学习掌握情况的重要方面。

对较复杂的典型零件，教材从以下几方面做了介绍：零件分析、毛坯选择、加工阶段划分、基准选择、热处理工序安排、不同批量的加工工艺过程等。比较简单的典型零件从零件分析和加工工艺过程两个方面做了介绍。

教材中所选取的典型零件比较有代表性，教学中建议教师注意以下几点：

（1）把握典型零件的结构特点和功用，理解掌握加工工艺过程及其相关知识的运用，对学生可能提出的问题做好解答准备。

（2）对于典型工件加工工艺部分的教学，应充分调动学生的主动性。因为对于典型工件加工中涉及的相关工艺知识，学生或多或少都有所了解，只是这些知识对学生而言可能还缺少关联性、条理性和系统性。因此，教师要通过这几个典型工件加工工艺的讨论分析，将学生过去所学的知识系统化，让学生对所学知识在生产实践中的应用有一个综合的了解。因此，教师在这部分内容的教学过程中，是否能够调动学生的学习兴趣，引发他们的思考和讨论将是决定教学效果的重要因素。

（3）按照分类的典型零件，在讲解教材内容的基础上，选择相近的教学视频案例或组织参观生产现场，使学生对加工工艺过程中加工方法的选择及工艺顺序的安排等内容有一个比较完整的了解，加深学生对零件加工工艺过程的理解，感受相关知识在实践中的具体运用。

（4）对复杂典型零件工艺分析的教学，注重从工序数量变化、定位基准选择、设备使用情况等方面剖析讲解，让学生结合教材中的实例，理解在不同生产类型情况下同一个零件加工工艺的不同和变化，培养学生分析问题、解决问题的能力。

机械制造工艺基础（第七版）习题册答案

绪　　论

一、填空题

1. 机械制造
2. 材料　有用物品
3. 生产过程
4. 热　冷
5. 工艺过程

二、判断题

1. √　2. √　3. ×　4. √

三、选择题

1. B　2. D　3. C　4. C

四、简答题

1. 答：生产过程包括产品设计、生产组织和技术准备，原材料的购置、运输和保存，以及毛坯制造、零件加工、产品装配和试验等。

2. 答：工艺过程包括毛坯制造、零件加工、热处理，以及产品的装配和试验等。

第一章 铸 造

§1—1 概 述

一、填空题

1. 铸造
2. 铸件
3. 砂型铸造　特种铸造
4. 疏松　粗大
5. 毛坯

二、判断题

1. √　2. √　3. √　4. ×　5. √

三、选择题

1. C　2. A

四、简答题

答：(1) 优点：可以生产出形状复杂的工件毛坯；产品的适应性广，工艺灵活性大；原材料大都来源广泛，价格低廉。

(2) 缺点：铸造组织疏松，晶粒粗大，内部易产生缩孔、缩松、气孔等缺陷，会导致铸件的力学性能特别是冲击韧度低，铸件质量不够稳定。

§1—2　砂 型 铸 造

一、填空题

1. 砂型铸造
2. 造型　造芯　合型
3. 型砂　芯砂
4. 铸型
5. 型腔　消耗　可复用
6. 可复用
7. 芯盒
8. 木材　金属
9. 浇注系统
10. 顶部　厚实
11. 造型　手工　机器
12. 有箱造型　脱箱造型
13. 压实　震实　抛砂
14. 型芯　手工　机器
15. 固态　熔融
16. 合箱　组元　铸型
17. 外浇口　直浇道　横浇道　内浇道
18. 端包　抬包　吊包
19. 太快　增加
20. 外观　内在　使用
21. 落砂　黏砂　金属　氧化皮

二、判断题

1. √　2. √　3. ×　4. ×　5. √　6. ×　7. √

8. √ 9. × 10. √ 11. √ 12. √ 13. × 14. ×
15. × 16. √ 17. √ 18. √

三、选择题

1. A 2. C 3. A 4. B 5. A 6. C

四、简答题

1. 答：铸造时，根据工件的铸造要求，按照制造模样、制备造型材料、造型、造芯、合箱、金属熔炼、浇注、冷却、落砂、清理等工艺过程即可得到铸件，经检验合格后获得所需的工件。

2. 答：常见的手工造型方法有有箱造型、脱箱造型、组芯造型、地坑造型和刮板造型等。

3. 答：典型的浇注系统应包括外浇口、直浇道、横浇道、内浇道和冒口几个部分。

浇注系统的作用是将金属液平稳地导入并充填型腔，避免冲坏铸型；防止溶渣、砂粒或其他杂质进入型腔；能调节铸件的凝固顺序。

4. 答：冒口是指在铸型内特设的空腔及注入该空腔的金属。尺寸较大的铸件设置冒口使铸件避免出现缩孔、缩松。冒口一般设置在铸件的顶部或厚实部位。

§1—3 特种铸造及铸造新技术

一、填空题

1. 熔模 金属型 压力 离心

2. 熔模 硬化

3. 重力

4. 高压　压力

5. 金属型　砂型

6. 实型　模样

7. 简单　短　不受

二、判断题

1. ×　2. ×　3. √　4. √　5. ×　6. √　7. √　8. √　9. ×　10. √　11. √

三、选择题

1. C　2. C　3. B　4. D　5. D　6. D

四、应用题

答：

工序	图示	工艺过程的名称	工艺过程的说明
1	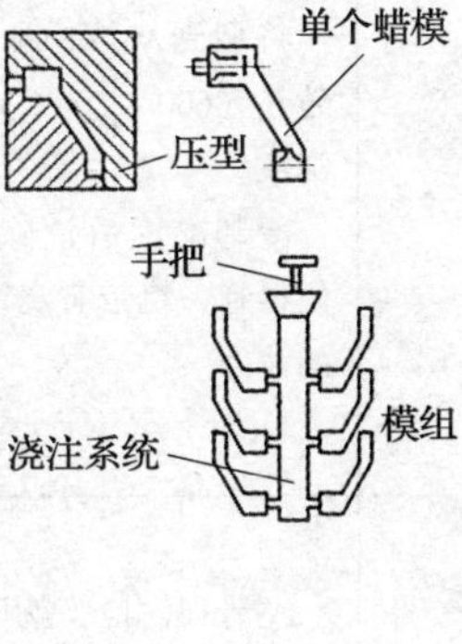	制作蜡模	将糊状蜡料用压蜡机压入压型型腔，凝固后取出，得到蜡模

续表

工序	图示	工艺过程的名称	工艺过程的说明
2	 蜡模型壳 脱蜡后的型壳	制作型壳	将蜡模组浸入涂料中，取出后在上面撒一层硅砂，再放入硬化剂中进行硬化。 反复进行挂涂料、撒砂、硬化4～10次，在蜡模组表面形成坚硬型壳。 将带有蜡模组的型壳放入80～90℃的热水或蒸汽中，使蜡模熔化并从浇注系统中流出，得到一个没有分型面的型壳。 经过烘干、焙烧，以去除水分及残蜡并使型壳强度进一步提高
3	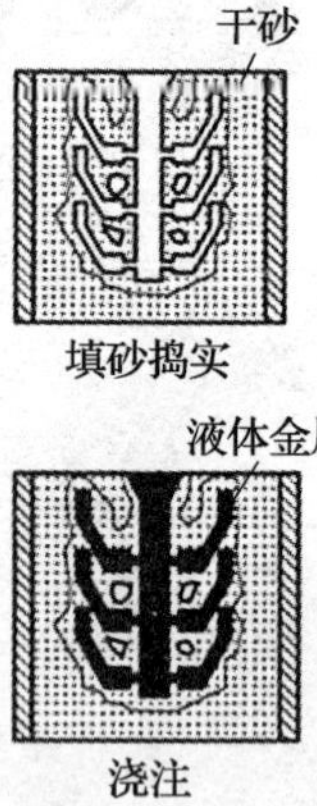 干砂 填砂捣实 液体金属 浇注	浇注	将型壳放入砂箱，四周填入干砂捣实，再装炉焙烧（800～1 000℃）。 将型壳从炉中取出后，趁热（600～700℃）进行浇注。 冷却凝固后清除型壳，便得到一组带有浇注系统的铸件
4	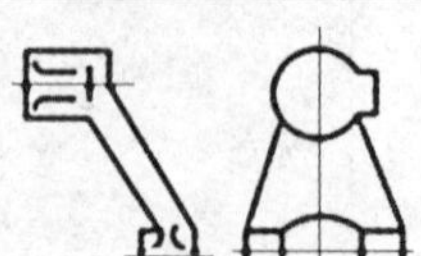	清理检验	经清理、检验就可得到合格的熔模铸件

第二章　锻　　压

§2—1　概　　述

一、填空题

1．锻压

2．锻造　冲压

3．自由锻　模锻

4．冲压

5．锻造　冲压

6．锻造　冲压　轧制　拉拔　挤压

7．分离　成形

二、判断题

1．√　2．√　3．×　4．×　5．×　6．×

三、简答题

答：(1）锻造的特点：

1）改善金属的内部组织，提高金属的力学性能。

2）生产效率高。

3）适应范围广。

4）节省金属材料和减少切削加工工时。

5）不能锻造形状复杂的锻件。

(2）冲压的特点：

1）板料的厚度变化很小，内部组织也不产生变化。

2）生产率很高，易实现机械化、自动化生产。

3）冲压制件尺寸精确，表面光洁。

4）适应范围广。

5）冲压使用的模具精度高，制造复杂，成本高，适用于大批量生产。

四、应用题

答：

序号	工件	压力加工方法
1	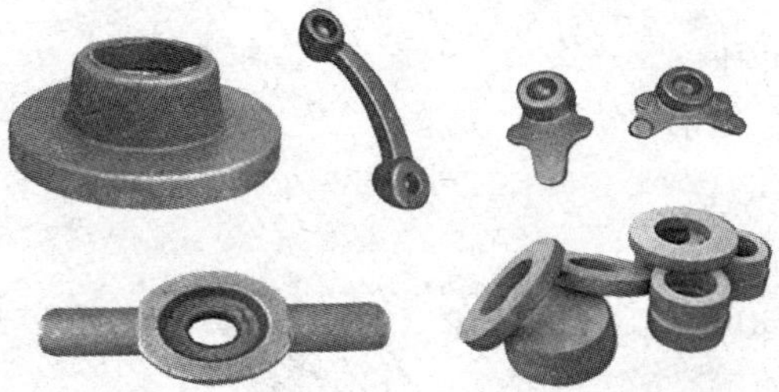	锻造
2	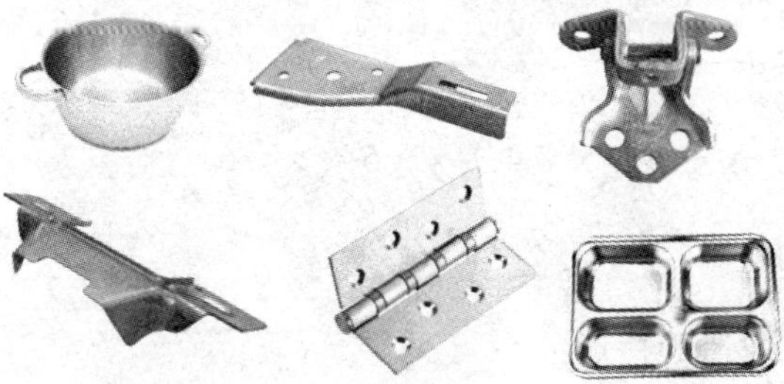	冲压

§2—2 锻　　造

一、填空题

1. 下料　锻造

2. 剪切法　锯割法　气割法

3. 塑性　变形抗力

4. 终锻

5. 空冷　坑冷　炉冷

6. 自由　手工　机器

7. 基本　辅助　修整

8. 镦粗

9. 盲　通　双面　单面

10. 弯曲

11. 裂纹　轴心裂纹

12. 模锻　胎模　模

13. 套膜　合模

14. 预锻　终锻

二、判断题

1. √　2. ×　3. √　4. ×　5. ×　6. √　7. ×　8. ×　9. √　10. ×　11. ×　12. ×　13. √　14. √　15. ×

三、选择题

1. B　2. D　3. A　4. D　5. D　6. D　7. D　8. B　9. C　10. B　11. A　12. B　13. A　14. B　15. B

四、简答题

1. 答：根据变形的性质和程度不同，自由锻工序可分为基本工序、辅助工序和修整工序。

2. 答：锻造生产基本的工艺过程有下料、加热、锻造、冷却、检验和热处理。

3. 答：使毛坯高度降低、横断面积增大的锻造工序称为镦粗。

镦粗一般用来制造齿轮坯或盘饼类毛坯，或为拔长工序增大锻造比及为冲孔工序做准备等。

§2—3　冲　　压

一、填空题

1．冲床　剪床

2．冲压设备　冲模

3．分离　成形

二、判断题

1．√　2．×　3．√　4．×　5．×

三、选择题

1．B　2．B　3．C

四、简答题

1．答：冲压的基本工序可分为分离工序和成形工序。

分离工序是使零件与母材沿一定的轮廓相互分离的工序，如剪切、落料、冲孔和整修等。成形工序是在板料不被破坏的情况下产生局部或整体塑性变形的工序，如弯曲、拉伸和翻边等。

2．答：冲压的特点是可冲出形状复杂的零件，材料利用率高；冲压件表面质量高，强度高，刚性好；操作简单，生产效率高，易于实现机械化和自动化；冲模精度要求高，结构复杂，制造成本大等，适用于大批量生产场合。

第三章　焊　　接

§3—1　概　　述

一、填空题

1. 加热　加压　填充材料
2. 熔焊　压焊　钎焊
3. 熔化
4. 压力
5. 钎料　钎料　母材
6. 焊条电弧焊　气焊　埋弧焊　氩弧焊
7. 点焊　缝焊　电阻焊
8. 金属材料　非金属材料　金属

二、判断题

1. ×　2. ×　3. √　4. √　5. ×　6. ×　7. ×

三、选择题

1. A　2. D　3. A　4. C

四、简答题

1. 答：焊接就是通过加热或加压，或两者并用，用或不用填充材料，使焊件达到原子结合的一种加工工艺方法。

按照焊接过程中金属所处的状态不同，可以把焊接方法分为熔焊、压焊和钎焊三类。

2. 答：(1) 节约金属材料，接头密封性好，容易实现机械化和自动化。

(2) 生产程序简单，经济效益高，生产周期短，劳动强度低。

(3) 设备简单，操作方便，产品成本低。

(4) 焊接质量高。

(5) 会产生焊接应力与变形，焊件中存在一定数量的焊接缺陷，会产生有毒有害物质。

§3—2　焊条电弧焊

一、填空题

1. 弧焊电源　焊钳　焊件

2. 保护液态金属

3. 焊芯　药皮　焊芯

4. $\phi 2.5$　$\phi 3.2$

5. 直流弧焊电源　交流弧焊电源　弧焊变压器　弧焊整流器

6. 阳极区　阴极区　弧柱区

7. 平　立　横　仰

8. 酸性焊条　碱性焊条

9. 焊件　焊钳

10. 焊条直径　焊接电流　焊件坡口形式

11. 工件厚度　焊缝空间位置　焊接层次

12. 3.2 mm

13. $I_h = 10d^2$　焊接电流

14. 焊透　不烧穿

15. 弧长

16. I形、V形、X形、U形

二、判断题

1. × 2. √ 3. × 4. × 5. √ 6. × 7. √ 8. × 9. √ 10. √

三、选择题

1. A、D 2. A 3. B 4. C 5. C 6. C 7. D

四、简答题

1. 答：焊接时，将焊条与焊件接触短路后立即提起焊条，引燃电弧。电弧的高温将焊条与焊件局部熔化，熔化后的焊芯以熔滴的形式过渡到局部熔化的焊件表面，熔合在一起后形成熔池。

2. 答：选择合适的焊接工艺参数是获得优良焊缝的前提，并直接影响着劳动生产率。焊条电弧焊工艺是根据焊接接头形式、零件材料、板材厚度、焊缝焊接位置等具体情况制定的，包括焊条型号、焊条直径、电源种类和极性、焊接电流、焊接电压、焊接速度、焊接坡口形式和焊接层数等内容。

3. 答：运条一般分沿焊条中心线向熔池送进、沿焊接方向移动、横向摆动三个基本动作。

§3—3　气焊与气割

一、填空题

1. 可燃气体　助燃气体
2. 焊炬　氧气瓶　乙炔瓶
3. 气体混合比　流量　火焰　焊接

4. 氧化焰　中性焰　碳化焰　中性焰
5. 减压器　回火安全器
6. 氧气减压器　乙炔减压器　液化石油气减压器
7. 蓝色　红色
8. 割炬　燃烧点　氧化
9. 燃烧　熔化
10. 乙炔　氧气
11. 气割氧压力　切割速度　预热火焰能率

二、判断题

1. √　2. ×　3. ×　4. √　5. √　6. √　7. √

三、选择题

1. D　2. B　3. A　4. A　5. C

四、简答题

1. 答：气焊的特点：(1) 熔池温度、焊缝形状和尺寸、焊缝背面成形等容易控制。

(2) 设备简单，移动方便，操作易掌握。

(3) 焊距尺寸小，使用灵活，但生产率低，有较大的变形，接头质量不高。

气焊的适用范围：气焊适于各种位置的焊接，适于焊接在 3 mm 以下的低碳钢、高碳钢薄板，铸铁焊补以及铜、铝等有色金属的焊接。

2. 答：右手的小拇指、无名指、中指和掌心握着焊炬手柄 (也可只用大拇指与掌心握着，小拇指、中指、无名指与焊件接触作为支撑)，大拇指和食指放于氧气阀侧 (用于及时调节火焰氧大小)。调节火焰大小时，左手的大拇指、食指、中指控制乙炔阀，焊接时左手则用来拿焊丝。

3. 答：(1) 设备简单操作灵活、方便，适应性强。

(2) 生产率高，切口质量好。

(3) 成本低，设备简单。

§3—4 其他常用焊接方法

一、填空题

1. 焊丝　焊件
2. 自动　半自动　埋弧自动焊
3. 采用连续焊丝　使用颗粒焊剂　焊接过程自动化
4. 二氧化碳气体保护焊
5. 氩气
6. 钨极　工件
7. 高温等离子弧
8. 非转移型等离子弧　转移型等离子弧　联合型等离子弧
9. 压力　电阻热
10. 电阻对焊　电阻点焊　缝焊
11. 钎料　母材

二、判断题

1. √　2. √　3. ×　4. √　5. ×　6. √　7. √　8. √　9. ×　10. ×

三、选择题

1. D　2. D　3. A　4. C　5. D

四、简答题

1. 答：采用连续焊丝、使用颗粒焊剂、焊接过程自动化。

2．答：焊缝质量好、生产率高、成本低、改善劳动条件。

3．答：二氧化碳气体保护焊工艺具有生产率高、焊接成本低、适用范围广、低氢型焊接方法焊缝质量好等优点。其缺点是焊接过程中飞溅较大，焊缝成形不够美观。

二氧化碳气体保护焊主要用于焊接低碳钢及低合金高强钢，也可以用于焊接耐热钢和不锈钢。目前广泛地用于汽车、轨道客车制造、船舶制造、航空航天、石油化工机械等诸多领域。

4．答：由于被惰性气体隔离，焊接区的熔化金属不会受到空气的有害作用，所以手工钨极氩弧焊可用以焊接易氧化的有色金属，如铝、镁及其合金，也用于不锈钢、铜合金以及其他难熔金属的焊接。因其电弧非常稳定，还可以用于焊薄板及全位置焊缝。钨极氩弧焊在航空航天、原子能、石油化工、电站锅炉等行业应用较多。

5．答：钎焊的特点：

（1）焊接时，母材不熔化，只有钎料熔化。

（2）焊件加热温度低，构件变形小，焊件金属组织和性能基本不变。

（3）可焊接异种金属、难熔金属。

（4）为半永久性连接。

钎焊的应用：钎焊适用于精密零件、复杂结构件及异种金属、难熔金属甚至金属与非金属材料的连接。

§3—5　焊接机器人

一、填空题

1．焊工　点焊　电弧焊

2．三

3. 电阻点焊

4. 柔性　编程

5. 计算机　可编程

6. 点焊机器人　弧焊机器人

7. 控制　感受系统　控制系统

8. 被焊工件　最佳

9. 机器人控制器　软件

10. 在线示教编程　离线编程

二、判断题

1. √　2. ×　3. ×　4. √　5. √　6. ×　7. √　8. √　9. ×　10. ×

三、选择题

1. B　2. C　3. A　4. A　5. C

四、简答题

1. 答：(1) 机器人能适应产品多样化。

(2) 使用机器人焊接，可提高产品质量。

(3) 使用机器人焊接可提高生产率。

2. 答：焊接机器人按用途分为点焊机器人和弧焊机器人两类。

3. 答：完整的焊接机器人系统包括驱动系统、机械结构系统、感受系统、机器人—环境交互系统、人—机交互系统和控制系统。

第四章　切削加工基础

§4—1　金属切削机床的分类与型号

一、填空题

1．切削　机床
2．车床　铣床
3．阿拉伯数字
4．/
5．类代号
6．数控车床
7．6　1
8．折算
9．主参数
10．联动轴数　复合
11．高精度万能外圆　320
12．摇臂　40

二、判断题

1．√　2．√　3．×　4．√　5．√　6．√　7．√　8．√　9．×　10．×　11．√　12．√　13．√　14．√　15．×

三、选择题

1．A　2．C　3．D　4．A　5．B　6．A　7．D　8．A

四、名词解释

1. 答：THM6350 表示精密卧式加工中心，工作台最大宽度为 500 mm。

2. 答：MKG1340 表示高精度数控外圆磨床，最大磨削直径为 400 mm。

§4—2 切削运动与切削用量

一、填空题

1. 切削刃
2. 主运动
3. 旋转 直线
4. 已加工表面 待加工表面 过渡表面
5. 待加工表面
6. 已加工表面
7. 进给量
8. 瞬时
9. 进给运动 mm/r
10. 背吃刀量

二、判断题

1. √ 2. √ 3. √ 4. √ 5. × 6. × 7. × 8. √ 9. × 10. √ 11. √ 12. √ 13. × 14. √ 15. √ 16. √ 17. √ 18. √

三、选择题

1. D 2. A 3. A、B 4. D、C 5. A 6. D 7. B

8. D　9. D　10. C

四、简答题

1. 答：主运动是切除工件表面多余材料所需的最基本的运动。在切削运动中，通常主运动的运动速度（线速度）较高，所消耗的功率也较大。进给运动是使工件切削层材料相继投入切削从而加工出完整表面所需的运动。

铣削中铣刀的回转运动是主运动，工件的纵向移动为进给运动。刨削中刨刀的往复直线运动是进给运动，工件的横向间歇移动为主运动。

2. 答：选择切削用量的原则是在保证加工质量、降低加工成本和提高生产率的前提下，使背吃刀量、进给量和切削速度的乘积最大。

五、应用题

答案略。

§4—3　切 削 刀 具

一、填空题

1. 外圆表面　平面
2. 切削
3. 切削
4. 前　主切削　刀尖
5. 前面
6. 静止　工作
7. 基面 P_r　正交平面 P_o
8. 主

9. 平行

10. 前角 γ_o　后角 α_o　主偏角 κ_r　副偏角 κ_r'　刃倾角 λ_s

11. 正交

12. 主切削

13. 切削

14. 抗黏接

15. 高速钢　金刚石

16. Al_2O_3

二、判断题

1. √　2. √　3. √　4. √　5. ×　6. √　7. √　8. ×　9. √　10. ×　11. √　12. ×　13. ×　14. √　15. √

三、选择题

1. D　2. B　3. C`　4. A　5. C　6. D　7. B　8. C　9. A　10. B　11. B　12. A

四、简答题

1. 答：车刀的切削部分由“三面两刃一尖”（即前面 A_γ、主刀面 A_α、副后面 A_α'、主切削刃 S、副切削刃 S'、刀尖）组成。

2. 答：刀具静止参考系的主要基准坐标平面有：基面 P_r、假定工作平面 P_f、主切削平面 P_s、副切削平面 P_s'、正交平面 P_o。

3. 答：车刀的切削部分共有前角 γ_o、后角 α_o、主偏角 κ_r、副偏角 κ_r'、刃倾角 λ_s五个独立的基本角度。

4. 答：刀具材料必须具备以下基本要求：

高硬度、足够的强度和韧性、高的耐磨性和耐热性、良好的导热性、良好的工艺性、较好的经济性、抗粘接性和化学稳定性。

5. 答：常用的刀具材料有：碳素工具钢、合金工具钢、高速钢、硬质合金、陶瓷、金刚石、立方氮化硼等。

五、应用题

答案略。

§4—4 切削力和切削温度

一、填空题

1. 一致 最大
2. 总切削力 垂直于
3. 进给
4. 总切削抗力
5. 总切削力
6. 增大 增大
7. 减小 减小
8. 切屑变形
9. 切屑
10. 70% ~80% 15% ~20% 5% ~10%

二、判断题

1. √ 2. √ 3. × 4. × 5. √ 6. √ 7. √ 8. √ 9. × 10. √ 11. × 12. × 13. √ 14. √ 15. × 16. √ 17. √ 18. × 19. × 20. √

三、选择题

1. C 2. A 3. A 4. C

四、简答题

1. 答：影响总切削抗力大小的因素有：工件材料、切削用量、刀具角度、切削液。

2. 答：切削过程中，由于被切削金属材料层的变形、分离及刀具和被切削材料间的摩擦而产生的热量称为切削热。切削热主要来源于切屑变形、切屑与前面的摩擦、工件与刀具后面的摩擦这三个方面。

3. 答：减少切削热和降低切削温度的工艺措施有：

(1) 合理选择刀具材料和刀具几何角度。

(2) 合理选择切削用量。

(3) 适当选择和使用切削液。

§4—5 切 削 液

一、填空题

1. 冷却　润滑　清洗　防锈
2. 热传导
3. 水溶液　乳化液
4. 加工性质
5. 冷却
6. 润滑

二、判断题

1. √　2. √　3. √　4. √　5. √　6. √　7. ×　8. √　9. √　10. √　11. √

三、简答题

1. 答：冷却作用、润滑作用、清洗作用、防锈作用。

2. 答：常用切削液有水溶液、乳化液、合成切削液、切削油、极压切削油和固体润滑剂等。

3. 答：(1) 油状乳化油必须用水稀释后才能使用。但乳化液会污染环境，应尽量选用环保型切削液。

(2) 切削液应浇注在过渡表面、切屑和前刀面接触的区域，因为此处产生的热量最多，最需要冷却润滑。

(3) 用硬质合金车刀切削时，一般不加切削液。如果使用切削液，必须从开始就连续充分地浇注，否则硬质合金刀片会因聚冷而产生裂纹。

(4) 控制好切削液的流量。流量太小或断续使用，起不到应有的作用；流量太大，则会造成切削液的浪费。

(5) 加注切削液可以采用浇注法和高压冷却法。

§4—6 加工精度和加工表面质量

一、填空题

1. 实际　理想
2. 尺寸　形状　位置
3. 测量　尺寸
4. 几何
5. 越高

二、判断题

1. √　2. √　3. ×　4. √　5. ×　6. √　7. ×　8. √　9. √　10. ×

三、选择题

1. D　2. C　3. A　4. B　5. D　6. C

四、简答题

1. 答：表面粗糙度一般由所采用的加工方法和（或）其他因素形成。它主要是由加工过程中刀具和工件表面的摩擦、刀痕、切屑分离时工件表面层金属的塑性变形以及工艺系统中的高频振动等原因形成。

2. 答：切削加工时，工件表面层材料在刀具的挤压、摩擦及切削区温度变化的影响下，发生材质变化，这些材质的变化主要有以下几方面：

（1）表面层材料因塑性变形引起的冷作硬化。

（2）表面层材料因切削热的影响，引起金相组织的变化。

（3）表面层材料因切削时的塑性变形、热塑性变形、金相组织变化引进的残余应力。

第五章 钳加工

§5—1 概述

一、填空题

1. 台虎钳 砂轮机 钻床
2. 钳口 固定式 回转式
3. 防护罩 托架
4. 台式 立式
5. 简单 方便 小型
6. 复杂 自动 方便

二、应用题

答：a）钻孔　b）扩孔　c）铰孔　d）攻螺纹　e）锪孔　f）锪平面

§5—2　划　　线

一、填空题

1. 平面　立体　立体　平面

2. 2　3

3. 清晰　尺寸准确

4. 找正　借料

5. 两个互相垂直的平面（或直线）　两条互相垂直的中心线　一个平面和一条中心线

6. 重要的　较大的

7. 找正　借料

二、判断题

1. ×　2. √　3. √　4. ×　5. √　6. √　7. √

三、选择题

1. B　2. A　3. B　4. A　5. D　6. B　7. C

四、名词解释

1. 答：划线是指在毛坯或工件上，用划线工具划出待加工部位的轮廓线或作为基准的点和线，这些点和线标明了工件某部分的尺寸、位置和形状特征。

2. 答：划线时，工件上用来确定其他点、线、面位置所依据的点、线、面。

3. 答：在零件图上，用来确定其他点、线、面位置的基准，称为设计基准。

4. 答：找正就是利用划线工具（如划线盘、角尺、单脚规等）使工件上有关毛坯表面处于合适的位置。

5. 答：一些铸、锻毛坯件，当尺寸、形状和位置上的误差和缺陷不大时，通过试划和调整可以使各加工表面都有足够的加工余量，并得到恰当的分配，而误差和缺陷完全可由加工后排除的划线补救方法称为借料。

五、简答题

1. 答：(1) 确定工件的加工余量，使机械加工有明确的尺寸界线。

(2) 便于复杂工件在机床上安装，可以按划线找正定位。

(3) 能够及时发现和处理不合格的毛坯，避免加工后造成损失。

(4) 采用借料划线可以使误差不大的毛坯得到补救，使加工后的零件仍能符合要求。

2. 答：选择划线基准的基本原则是应尽可能使划线基准和设计基准重合。其好处是可以减少不必要的尺寸换算，使划线方便、准确。

3. 答：(1) 清理工件，对铸、锻毛坯件，应将型砂、毛刺、氧化皮除掉，并用钢丝刷刷净，对已生锈的半成品将浮锈刷掉。

(2) 对于有孔的工件，应在工件孔中安装中心塞块，以便确定孔的中心位置。

(3) 为了使划出的线条清晰，一般应在工件的划线部位涂上一层薄而均匀的涂料。

4. 答：(1) 毛坯上有不加工表面时，应按不加工表面找正后再划线，这样可使加工表面和不加工表面之间保持尺寸均匀。

（2）工件上有两个以上不加工表面时，应选重要的或较大的不加工表面为找正依据，兼顾其他不加工表面，这样可使划线后的加工表面与不加工表面之间尺寸比较均匀，而误差集中到次要或不明显的部位。

（3）工件上没有不加工表面时，可通过对各自需要加工的表面自身位置找正后再划线。这样可使各加工表面的加工余量均匀，避免加工余量相差悬殊。

5. 答：（1）分析图样，了解需要划线的尺寸、部位、作用、要求及有关的加工工艺。

（2）清理，涂色。

（3）确定划线基准。

（4）初步检查毛坯的误差情况。

（5）正确安放工件和选用划线工具。

（6）进行划线。

（7）详细检查划线的准确性以及是否有漏划的线条。

（8）在加工界线上打样冲眼。

6. 答：（1）划线前，应先初步检查毛坯的误差情况，制定划线方案。

（2）划线时，找正和借料要同时进行，相互兼顾。

（3）合理选择找正基准和划线基准，将影响较大的重要尺寸放在第一安装位置。

（4）工件应稳固地放置在支承上，对于较大工件，应加辅助支承，以使工件安放稳定可靠。调整千斤顶高低时，不可用手直接调节，以防止工件跌落伤手。

（5）每次安装、找正完毕，要将该方向的所有线条全部划完，防止漏划二次找正。

六、应用题

1. 答：

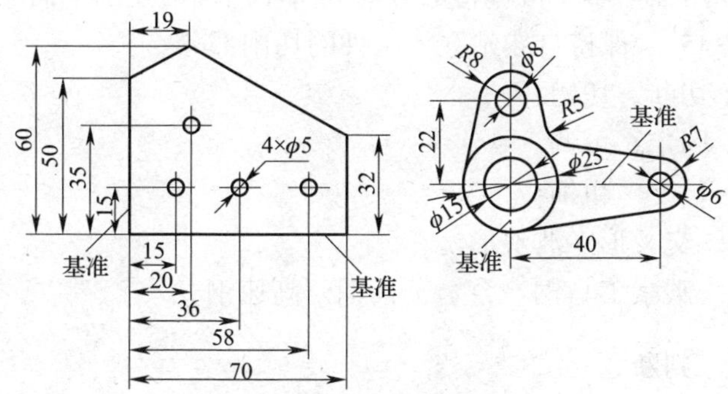

2. 答：

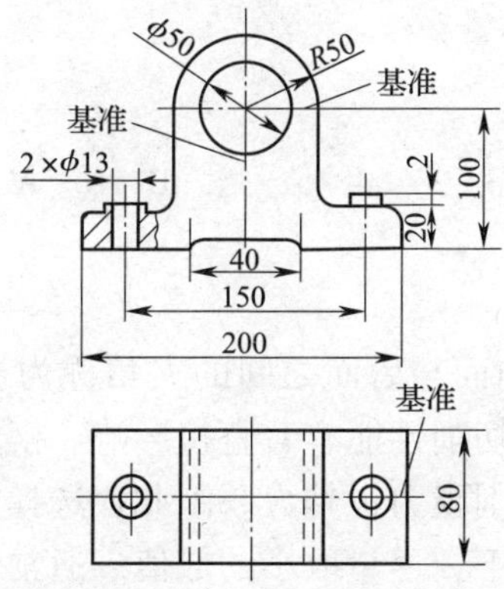

§5—3 錾削与锯削

一、填空题

1. 优质碳素工具钢　56～62HRC
2. 切削　球形

3. 扁錾　尖錾　油槽錾

4. 强度　较小

5. 后面　錾子被握持的方向　减小后面与切削平面的摩擦

6. 45°　保持自然站立　工件的切削部分

7. 切断　切槽

8. 固定　可调

9. 长度　粗细

10. 交叉形　波浪形

11. 碳素工具钢　合金工具钢　高速钢

二、判断题

1. √　2. ×　3. √　4. √　5. √　6. ×　7. √　8. ×

三、选择题

1. B　2. B　3. C　4. A　5. B　6. A　7. B

四、简答题

1. 答：錾子前面与后面之间的夹角称为楔角。楔角由刃磨后形成，其大小对切削性能有着直接影响。楔角越大，切削部分的强度越大，但錾削阻力也越大。因此，选择楔角大小时应在保证足够强度的前提下，尽量取小的数值。通常錾削硬钢或铸铁等硬度较大的材料时，楔角取60°～70°；錾削铜或铝等软材料时，楔角取30°～50°；錾削中等硬度的材料时，楔角取50°～60°。

錾子后面与切削平面之间的夹角称为后角。后角大小取决于錾子被握持的方向，其作用是减小后刀面与切削表面之间的摩擦。后角太大会使錾子切入过深，錾削困难；后角太小，易使錾子从切削表面滑出。錾削时后角一般取5°～8°为宜。

2. 答：钳工常用的锤子由锤体、锤柄和倒楔组成。锤体通常用碳素工具钢锻成，并经淬硬处理。锤柄用硬而不脆的木材制成，截面为椭圆形，以便锤体定向，准确敲击。锤柄装入锤孔后，打入倒楔，以防锤体脱落。

3. 答：锤子握法有紧握法和松握法两种。

（1）紧握法是用右手五指紧握锤柄，大拇指合在食指上，虎口对准锤头方向，木柄尾端露出 15 ~ 30 mm。在挥锤和锤击过程中，五指始终紧握。

（2）松握法是用大拇指和食指始终握紧锤柄。在挥锤时，小指、无名指、中指则依次放松。在锤击时，又以相反的次序收拢握紧。

4. 答：挥锤方法有腕挥、肘挥和臂挥三种方法。

（1）腕挥是用手腕的运动挥锤，锤击力较小，采用紧握法握锤，一般用于錾削余量较少及錾削开始或结尾的场合。

（2）肘挥是用手腕与肘部一起挥动，锤击力较大，应用最广。

（3）臂挥是用手腕、肘和大臂一起挥锤，锤击力最大，常采用松握法握锤，用于需要大力錾削的工作。

5. 答：锯条的分齿是指锯条在制造时，使锯齿按一定的规律左右错开，排成一定的形状，以提供锯切间隙。

锯条分齿的目的是减小锯缝对锯条的摩擦，使锯条在锯削时不被锯缝夹住或折断，以确保锯削顺利进行。

6. 答：锯削软材料或切面较大的工件时，应选用齿距较大的锯条；锯削硬材料或切面较小的工件时，则应选用齿距较小的锯条；锯削管子或薄板材料时，必须选用齿距小的锯条，以防锯齿卡住或崩裂。

五、应用题

答：（1）工件夹持牢靠，同时防止工件被夹变形或夹坏已加工表面。

（2）合理选择锯条的粗细规格。通常锯削软材料或切面较大的工件时，应选用齿距较大的锯条；锯削硬材料或切面较小的工件时，则应选用齿距较小的锯条；锯削管子或薄板材料时，必须选用齿距小的锯条，以防锯齿卡住或崩裂。

（3）锯条的安装应正确（齿面朝前），松紧要适当。

（4）选择正确的起锯方法。起锯角度不要超过15°。

（5）锯削姿势要正确，压力和速度适当。一般锯削速度为40次/min左右。

§5—4 锉　　削

一、填空题

1. T12、T13　T12A、T13A　62~72HRC

2. 普通　整形　异形

3. 平锉　方锉　三角锉　半圆锉　圆锉

4. 尺寸　锉纹粗细　边长　断面直径　锉身长度

5. 10　主锉纹

6. 尺寸大小　材料的性质　加工余量　加工精度　表面粗糙度要求

二、判断题

1. ×　2. √　3. √　4. ×

三、选择题

1. B　2. B　3. C　4. A、C

四、简答题

1. 答：用锉刀对工件表面进行切削加工，使工件达到所要求的尺寸、形状和表面粗糙度值的操作方法称为锉削。

锉削的应用范围较广，可以去除工件上的毛刺，锉削工件的内、外表面，各种沟槽和形状复杂的表面，还可以制作样板以及对零件的局部进行修整等。

2. 答：锉刀的选用是否合理，直接影响锉削的质量、效率以及锉刀的使用寿命。通常应根据工件表面形状、尺寸大小、材料的性质、加工余量的大小以及加工精度和表面粗糙度要求的高低来选用。

锉刀断面形状及尺寸应与工件被加工表面形状和尺寸相适应。

当锉削铜、铝等软金属以及加工余量大、精度低、表面要求较粗糙的工件时，一般选用齿纹较粗的锉；而细齿纹锉常用于锉削钢、铸铁以及加工余量小、精度和表面粗糙度要求较高的工件。

五、应用题

1. 答：

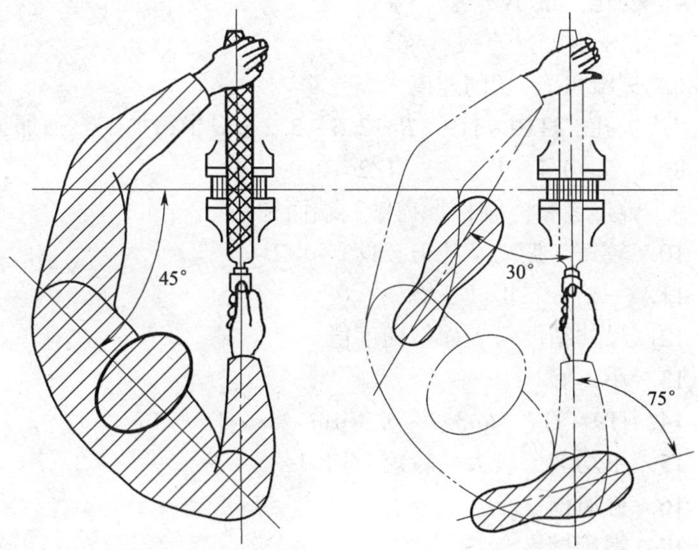

2. 答：锉削时身体重心要落在左脚上，右膝伸直，左膝部呈弯曲状态，并随锉的往复运动而屈伸。锉削开始时，身体向前倾斜 10°左右；锉刀推进前 1/3 行程时，身体前倾至 15°左右；锉刀推进中间 1/3 行程时，身体逐渐向前倾斜至 18°左右；锉刀推进最后 1/3 行程时，右肘继续向前推进锉，身体自然地退回到 15°左右。当锉削行程结束后，将锉刀略提起退回原位，同时，身体恢复到初始状态。

§5—5 孔与螺纹加工

一、填空题

1. 钻孔
2. 传递动力　直柄　莫氏锥柄　直柄　莫氏锥柄
3. 最大　减小
4. 变化　最小　越大
5. 118° ±2°　直线
6. 进给量 f　切削速度 v
7. 扩孔　IT10 ~ IT9　Ra12. 5 ~3. 2 μm 半精加工　预加工
8. 0. 5 ~0. 7　1. 5 ~2　1/2　0. 9
9. 锥形锪钻　圆柱形锪钻　端面锪钻
10. 较短　振动　扎刀　1/3 ~1/2
11. 一钻　二扩　三锪
12. 尺寸精度　表面粗糙度值
13. 小　好
14. IT9 ~ IT7　Ra3. 2 ~0. 8 μm
15. 不均匀　较大　较短　均匀
16. 分屑槽
17. 螺旋槽

18. m6　H7　H8　H9

19. 内螺纹　柄部　工作部分　切削锥　校准部分

20. 大径　中径　小径　初锥

21. 头锥　二锥　精锥

22. 切削锥　切削　螺纹牙型

23. 公称直径　螺距

24. 套螺纹　切削部分　校准部分

二、判断题

1. ×　2. √　3. √　4. √　5. √　6. ×　7. √　8. ×　9. √　10. ×　11. √　12. ×　13. √　14. √　15. ×　16. √　17. √　18. ×　19. √　20. √　21. ×　22. ×　23. ×

三、选择题

1. C　2. A　3. A　4. B　5. A　6. B　7. A　8. B　9. B　10. A　11. C　12. B　13. C　14. A

四、简答题

1. 答：钻削时由于钻头是在半封闭的状态下进行切削加工，因此，钻削加工具有以下特点：

（1）切削量大，排屑困难。

（2）切削温度高，散热困难，钻头易磨损。

（3）摩擦严重，易产生切削“积瘤”。

（4）麻花钻细而长，钻孔时容易产生振动。

（5）加工精度低，钻孔的尺寸精度一般为 IT11 ~ IT10，表面粗糙度一般为 Ra100 ~ 25 μm。

2. 答：麻花钻由钻体和钻柄组成。

钻柄是麻花钻的夹持部分，主要用来连接钻床主轴并传递动力。

麻花钻的钻体包括切削部分（又称钻尖）和由两条刃带形成的导向部分及空刀。切削部分承担着主要的切削工作；导向部分用来保持麻花钻钻孔时的正确方向，同时副切削刃可修光孔壁。空刀的作用是在磨制麻花钻时作退刀槽使用，通常锥柄麻花钻的规格、材料及商标也打印在此处。

3．答：（1）螺旋角。麻花钻不同直径处的螺旋角是不同的，外径处螺旋角最大，越接近中心螺旋角越小。螺旋角增大则前角增大，有利于排屑，但钻头刚度下降。麻花钻外缘处的螺旋角通常为30°。

（2）顶角。顶角越小，轴向力越小，外缘处刀尖角越大，有利于散热。但在相同条件下，所受扭矩增大，切屑变形加剧，排屑困难。

（3）前角。前角大小决定着切除材料的难易程度和切屑在前刀面上的摩擦阻力的大小，前角越大，切削越省力。由于麻花钻的前刀面是一个螺旋面，所以主切削刃上的前角大小是变化的，外缘处最大，可达 $\gamma_o = 30°$；自外向内逐渐减小，在钻心至 $d/3$ 范围内为负值；横刃处的前角 $\gamma_o = -60° \sim -54°$；接近横刃处的前角 $\gamma_o = -30°$。

（4）后角。后角的作用是减小麻花钻后刀面与切削面间的摩擦，麻花钻主切削刃上的后角大小也是变化的，外缘处最小，越靠近钻心后角越大。一般外缘处的后角 $\alpha_o = 8° \sim 14°$。

（5）横刃斜角。当麻花钻后刀面磨出后，横刃斜角自然形成，其大小与后角有关。标准麻花钻的横刃斜角 $\psi = 50° \sim 55°$。

4．答：钻孔时，由于切背吃刀量已由孔径所定，所以只需选择切削速度和进给量。

对钻孔生产率的影响，切削速度 v 比进给量 f 大；对孔的表面粗糙度的影响，进给量 f 比切削速度 v 大。综合以上的影响因素，钻削时切削用量的选用原则是：在允许范围内，尽量先选较

大的进给量 f，当 f 受到表面粗糙度和钻头刚度的限制时，再考虑选较大的切削速度 v。

具体选择切削用量时，应根据钻头直径、钻头材料、工件材料、加工精度及表面粗糙度等方面的要求选取。

5．答：常用的钻孔方法有划线钻孔法、配钻法和钻模钻孔法。

（1）划线钻孔法。此法对操作工人的技术水平要求较高，生产效率低，适用于产品试制或单件、小批生产。

（2）配钻法。此法是以已加工好的零件为基准件，配钻另一相连接零件，适用于产品试制或单件、小批生产以及装配修理时。

（3）钻模钻孔法。此法对操作工人的技术水平要求不高，孔系的位置精度取决于钻模的精度，生产效率高，适用于产品批量生产。

6．答：（1）扩孔钻因中心不切削，无横刃，切削刃只做成靠边缘的一段，避免了横刃切削所引起的不良影响。

（2）因扩孔产生的切屑体积小，不需大容屑槽，扩孔钻可加粗钻芯，提高刚度，切削平稳。

（3）由于容屑槽较小，扩孔钻可做出较多刀齿，增强了导向作用，一般整体式扩孔钻有 3～4 个主切削刃。

（4）扩孔时，背吃刀量较小，切屑易排出，切削阻力小。

（5）由于扩孔时的切削条件优于钻孔，因此扩孔精度为 IT9～IT10，表面粗糙度值为 Ra3.2～12.5 μm，常作为孔的半精加工及铰孔前的预加工。

7．答：用麻花钻改制平底锪钻时，应尽量选用较短的钻头，并修磨外缘处的前刀面，使前角变小，以防振动和扎刀。锪孔时，必须先用普通麻花钻扩出一个阶台孔作导向，然后再用平底锪钻锪至要求深度，即按照“一钻、二扩、三锪”的顺序进行。

8. 答：用铰刀从工件孔壁上切除微量金属层，以获得较高的尺寸精度和较小的表面粗糙度值，这种对孔精加工的方法称为铰孔。

铰刀是精度较高的多刃刀具，具有切削余量小、导向性好、加工精度高等特点。一般尺寸精度为 IT7 ~ IT9 级，表面粗糙度值为 Ra0. 8 ~ 3. 2 μm。

9. 答：整体圆柱铰刀由柄部和刀体组成。

柄部起夹持作用。刀体是铰刀的主要工作部分，它包含导锥、切削锥和校准部分。导锥用于将铰刀引入孔中，不起切削作用；切削锥承担主要的切削任务；校准部分有圆柱刃带，主要起定向、修光孔壁、保证铰孔直径等作用。

10. 答：铰削余量太大会使切削刃负荷增大，变形增大，被加工表面呈撕裂状态，同时加剧铰刀磨损。余量太小，上道工序所留下的切削刀痕不能全部去除，达不到铰孔精度要求。

11. 答：（1）攻螺纹前应在孔口倒角（通孔螺纹两端均倒角），倒角直径可略大于螺纹公称直径，以方便丝锥顺利切入，并可防止孔口挤出毛刺。

（2）起攻时，要尽量把丝锥放正，然后对丝锥施加压力并转动绞杠。当丝锥切入 1 ~ 2 圈时，应从不同的方向仔细检查丝锥与工件表面的垂直度，并逐步进行校正。

（3）丝锥切入 3 ~ 4 圈螺纹时，只需两手均匀用力转动绞杠，不应再对丝锥施加压力，否则螺纹牙型将被损坏。每扳转绞杠 1/2 ~1 圈，就应倒转 1/4 ~ 1/2 圈，使切屑碎断后容易排出，并可减少切削刃因粘屑而使丝锥卡住的现象。

12. 答：套螺纹前应将圆杆顶端倒角 15° ~ 20°，以便板牙容易切入，圆锥的最小直径应稍小于螺纹小径。开始套螺纹时要尽量使板牙端面与圆杆垂直，并适当施加向下的压力，同时按顺时针方向扳动板牙架。当切入 1 ~ 2 牙后再次校验垂直度，然后不再施加向下的压力，只两手用力均匀转动板牙架即可。在套螺纹过程中，要经常反转 1/4 圈，使切屑断碎及时排屑，并加注适当冷却液。

五、应用题

1. 答：

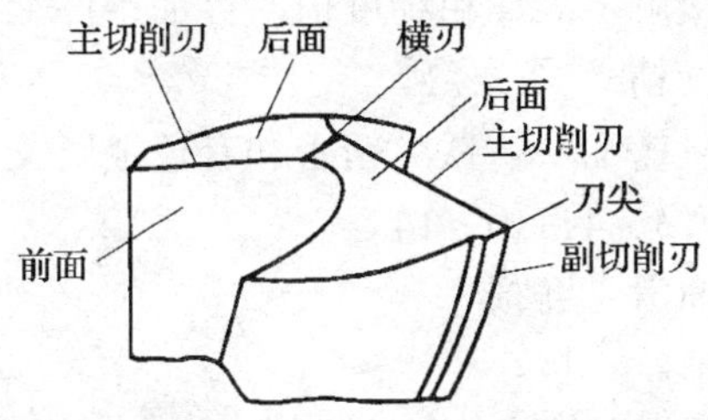

2. 答：M12 的螺纹，螺距 $P=1.75$ mm

钢件攻螺纹底孔直径：

$$D_{孔}=D-P=12-1.75=10.25\ (\text{mm})$$

取 $D_{孔}=10.2$ mm（按钻头直径标准系列取一位小数）

铸铁件攻螺纹底孔直径：

$$\begin{aligned}D_{孔}&=D-(1.05\sim1.1)P\\&=12-(1.05\sim1.1)\times1.75\\&=12-(1.8375\sim1.925)\\&=(10.1625\sim10.075)\ \text{mm}\end{aligned}$$

取 $D_{孔}=10.1$ mm（按钻头直径标准系列取一位小数）

底孔深度：

$$H_{孔}=h_{有效}+0.7D=35+0.7\times12=43.4\ (\text{mm})$$

答：在钢件上钻底孔钻头的直径为 10.25 mm；在铸铁件上钻底孔钻头的直径约为 10.1 mm；钻孔深度为 43.4 mm。

3. 答：$d_{杆}=d-0.13P=10-0.13\times1.5\approx9.8\ (\text{mm})$

套 M10 螺纹时的圆杆直径为 9.8 mm。

§5—6　刮削、研磨与抛光

一、填空题

1. 尺寸　接触　表面粗糙度值　存油条件
2. 粗　细　精
3. 红丹粉　蓝油　铸铁　精密和有色金属及其合金
4. 研点数　3 ~ 4　10 ~ 14
5. 美观　润滑　磨损
6. 尺寸　形状　极小
7. 研具材料　精度　表面粗糙度
8. 研磨平板　研磨环　研磨棒
9. 补偿　单件工件
10. 天然　人造　普通　超硬
11. 直线　螺旋线　8 字
12. 旋转　往复
13. 美观　耐腐蚀性　耐磨性
14. 特殊　相似
15. 正方　半圆　圆形　三角
16. 砂纸
17. 旋转　抛光剂
18. 自由磨粒　光亮
19. 液体　膏状　固体
20. 材质　抛光工序
21. 磨料喷射　流体动力

二、判断题

1. √　2. ×　3. ×　4. ×　5. √　6. ×　7. √

8. √ 9. √ 10. √ 11. √ 12. √ 13. √ 14. ×
15. √ 16. √ 17. ×

三、选择题

1. A 2. B 3. A 4. C 5. B 6. A 7. B 8. A
9. C 10. C 11. A 12. C 13. C

四、名词解释

1. 答：用带有细磨料的悬浮液体、膏状、颗粒状或其他抛光介质，借助抛光工具对工件表面进行光整加工的过程称为抛光。

2. 答：是指用黏结剂把磨粒粘附在可挠曲的基材上制成的磨具。

3. 答：是依靠流动的液体及其携带的磨粒冲刷工件表面达到抛光的目的加工方法。

4. 答：是利用工具断面做超声波振动，通过磨料悬浮液抛光脆硬材料的一种加工方法。也就是将工件放入磨料悬浮液中并一起置于超声波场中，依靠超声波的振荡作用，使磨料在工件表面磨削抛光。

5. 答：是利用磁性磨料在磁场作用下形成磨料刷，对工件磨削加工的方法。

6. 答：材料在化学介质中让表面微观凸出的部分相对较凹部分优先溶解，从而得到平滑面的加工方法。

五、简答题

1. 答：刮削加工后的工件表面，由于多次反复地受到刮刀的推挤和压光作用，使工件表面组织变得比原来紧密，并能获得很高的尺寸精度、形状精度、接触精度和很小的表面粗糙度值。可使运动部件的接触面改善存油条件，以减小摩擦。同时，它还具有切削量小、切削力小、产生热量小、装夹变形小等特点。但其劳动强度大，生产效率低。

2. 答：(1) 粗刮，用粗刮刀在刮削面上均匀地铲去一层较厚的金属，目的是去除余量、锈斑及机械刀痕，可采用连续推铲法，使刮削的刀迹连成长片。研点时，显示剂可调得适当稀些，当粗刮到每 25 mm × 25 mm 方框内有 3 ~ 4 个研点，粗刮即告结束。

(2) 细刮，用细刮刀在经粗刮的表面刮去稀疏的大块研点，进一步改善不平现象。细刮时可采用短刮法，且随着研点的增多，刀迹逐步缩短。在每刮一遍时，需按一定方向刮削，刮第二遍时要与第一遍交叉方向刮削，以消除原方向的刀迹。研点时，显示剂可调得适当干些，要求涂得薄而均匀。当达到每25 mm × 25 mm 方框内有 10 ~ 14 个研点时，细刮即告结束。

(3) 精刮，用精刮刀在细刮的基础上，通过点刮法进一步增加研点，改善表面质量，使刮削面符合各项精度要求。精刮时刀迹要更小，不能重复，落刀要轻，起刀要快，并始终交叉地进行刮削。其显示剂应涂得更薄，只轻微改变刮削面的颜色即可。

3. 答：刮花的目的一是增加刮削面的美观程度；二是改善滑动件之间的润滑条件，并且还可以根据花纹的消失多少来判断平面的磨损程度。但是，在接触精度要求高、研点要求多的工件中，不应该刮成大块花纹，否则不能达到所要求的刮削精度。

4. 答：在研磨加工中，研具必须具备两条基本要求：一是研具材料要容易嵌入磨料；二是研具要能较长久地保持几何形状精度。所以，研具材料的硬度应比被研磨工件低，组织要细致均匀，具有较高的耐磨性、稳定性以及有较好的嵌存磨料的性能。

5. 答：常用的研具材料有灰铸铁、球墨铸铁、软钢和铜。

灰铸铁具有硬度适中、嵌入性好、价格低、研磨效果好等特点，是一种应用广泛的研磨材料。

球墨铸铁比灰铸铁的嵌入性更好，且更加均匀、牢固，常用于精密工件的研磨。

软钢韧性较好，不易折断，常用来制作小型工件的研具。

铜的性质较软，嵌入性好，常用来制作研磨软钢类工件的研具。

6. 答：研磨剂由磨料、分散剂和辅助材料组成。

磨料在研磨中起切削作用。

分散剂使磨料均匀分散在研磨剂中，并起稀释、润滑和冷却等作用。

辅助材料主要是混合脂，在研磨过程中起乳化、润滑和吸附作用，并促使工件表面产生化学变化，生成易脱落的氧化膜或硫化膜，借以提高加工效率。此外，辅助材料中还有着色剂、防腐剂和芳香剂等。

7. 答：超声波抛光加工宏观力小，不会引起工件变形，适用于窄小部位，如工艺品的复杂形状、模具的复杂型腔、窄槽狭缝、盲孔等其他抛光工具无法到达或无法高效工作的部位。

8. 答：流体抛光的最大优点是流体介质可以通达零件复杂型腔部位（特别是其他抛光工具难以进入的部位），其抛光表面均匀、完整，表面粗糙度值可达 Ra 0.1 um，常用于异形、不规则表面以及内孔、细缝、微孔等隐蔽部位的镜面抛光。

9. 答：（1）粗抛。粗抛的目的是利用抛光锉刀或磨头、抛光磨石等固结磨具去掉前期较深的机械加工痕迹。

（2）半精抛。半精抛的主要目的是利用砂纸、砂页盘等涂附磨具对工件表面进行抛光，以进一步降低抛光面的表面粗糙度值。

（3）精抛。精抛的主要目的是利用各种抛光轮（如布轮、毛毡轮等）配以适宜的抛光剂对工件表面进行抛光，使其表面达到半光亮或镜面要求。

第六章　车　　削

§6—1　车　　床

一、填空题

1. 工件　刀具　形状　尺寸
2. 溜板箱　纵向　横向
3. 后顶尖　钻夹头
4. 单柱　双柱　径向　轴向
5. 垂直　水平　工件
6. IT13　IT6　12.5～1.6 μm
7. 进给量
8. 工件　车刀　车床

二、判断题

1. √　2. √　3. ×　4. √　5. ×　6. ×　7. √　8. √　9. ×　10. ×　11. √　12. ×　13. ×　14. √　15. √　16. ×　17. √　18. ×　19. ×　20. ×

三、选择题

1. B　2. A　3. C　4. C　5. C　6. B　7. C　8. A　9. B　10. D　11. A　12. C

四、应用题

1. 答：a）钻中心孔　b）车外圆　c）镗孔　d）车螺纹

e）车锥面　f）车特型面

2. 答：

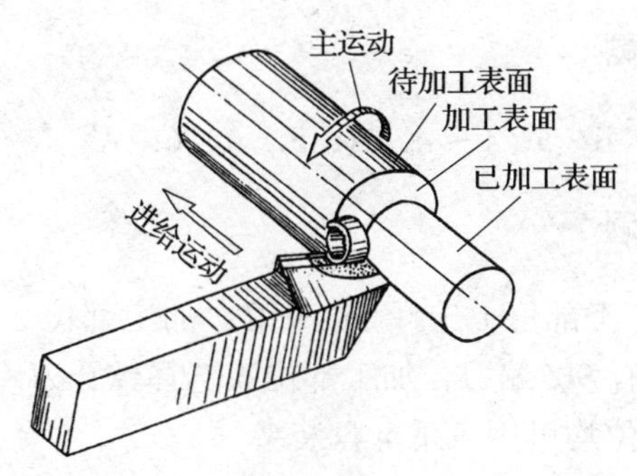

§6—2　车床的工艺装备及装夹方法

一、填空题

1. 刃具　夹具　量具　模具
2. 夹具
3. 通用　专用
4. 圆周　径向
5. 同轴度
6. 两爪　三爪　三爪
7. 铸铁　主轴
8. 中小型零件　正三边形　正六边形
9. 尺寸精度　位置精度
10. 重复定位　轴类零件

二、判断题

1. √　2. ×　3. ×　4. √　5. ×　6. ×　7. √

8. √ 9. √ 10. √ 11. × 12. √ 13. × 14. √ 15. × 16. ×

三、选择题

1. B 2. B 3. C 4. A 5. A 6. A 7. A 8. C

四、应用题

1. 答：加工部位1选择45°车刀，加工部位2选择切槽刀，加工部位3选择90°偏刀，加工部位4选择镗孔刀。

加工各部位均可用三爪卡盘装夹。

2. 答：加工部位1、3用45°右车刀，2、4用45°左车刀，5用45°左车刀，6用45°右车刀。

加工各部位均可用三爪卡盘装夹。

§6—3 车削工艺方法

一、填空题

1. 等高
2. 90° 75° 45°
3. 普通孔 盲孔
4. 前端 小于 对准
5. 75° 15° 6°
6. 大于
7. 相同 相反
8. 外 内 外
9. 小 长 不高 外
10. 较短 精车
11. 三角形 梯形 矩形 锯齿

12. 高速　低速

二、判断题

1. √　2. ×　3. ×　4. √　5. √　6. √　7. ×　8. √　9. √　10. √　11. ×　12. ×　13. ×　14. √　15. ×　16. ×　17. √　18. ×

三、选择题

1. B　2. A　3. C　4. B　5. B　6. A　7. B　8. C　9. B　10. D　11. A　12. B　13. B　14. A　15. D　16. C　17. A　18. B

四、简答题

1. 答：(1) 车削适合于加工各种内、外回转表面。车削的加工精度范围为 IT13（粗车）~IT6（精车），表面粗糙度值为 *Ra* 12.5~1.6 μm。

(2) 车刀结构简单，制造容易，刃磨及装拆方便，便于根据加工要求对刀具材料、几何参数进行合理选择。

(3) 车削对工件的结构、材料、生产批量等有较强的适应性，因此应用广泛。除可车削名种钢材、铸铁、有色金属外，还可以车削玻璃钢、夹布胶木、尼龙等非金属材料。对于一些不适合磨削的有色金属材料，可以采用金刚石车刀进行精细车削，能获得很高的加工精度和很小的表面粗糙度值。

(4) 除毛坯表面余量不均匀外，绝大多数车削为等切削横截面的连续切削，因此，切削力变化小，切削过程平稳，有利于高速切削和强力切削，生产效率高。

2. 答：车孔的关键技术是解决车孔刀的刚度和排屑问题。

增强车孔刀的刚度应尽量增加刀柄截面积，减少刀柄伸出长度和控制切屑流出方向。车通孔或精车孔时要求切屑流向待加工表面（前排屑），因此用正刃倾角。车盲孔时采用负刃倾角，使切屑向孔口方向排出（后排屑）。

五、计算题

答：

（1）$d = 120 - 200 \times 1/50 = 116$（mm）

$\alpha = 2\ \arctan\ (120 - 116)/(2 \times 200) = 1°8'45.2''$

（2）$S = L_0\ (D - d)/2L = 350 \times (120 - 116)/(2 \times 200) = 3.5$（mm）

六、应用题

答：M33×2 螺纹尺寸及表面特征要求较高，其余部分尺寸要求一般，无形位精度及热处理要求。

用棒料加工，三爪卡盘或一夹一顶装夹，螺纹部分分粗、精车加工，其余部分可一次加工完成。

第七章　铣削与镗削

§7—1　铣　　床

一、填空题

1. 旋转　表面　沟槽　平面　键槽
2. 主运动　进给运动
3. 卧式升降台　立式升降台　工具　龙门
4. 平行　垂直
5. 旋转运动　较高　狭长

6. 加工精度　IT9 ~ IT7　12. 5 ~ 1. 6 μm　IT5　0. 20 μm
7. 模具　模具

二、判断题

1. √　2. √　3. √　4. √

三、简答题

1. 答：在铣床上使用不同的铣刀，可以完成平面、台阶、槽、特形面和切断等加工，还可以完成花键轴、齿轮、螺旋槽等加工。另外，在铣床上还可进行钻孔、铰孔和铣孔等工作。

2. 答：(1) 铣削在金属切削加工中是仅次于车削的加工方法。以铣刀的旋转运动为主运动，切削速度较高，加工位置调整方便，除加工狭长平面外，其生产效率均高于刨削。

(2) 采用多刃刀具加工，刀齿轮换切削，刀具冷却效果好，刀具使用寿命长。铣削时，切削力是变化的，会产生冲击或振动，影响加工精度和工件表面粗糙度。

(3) 铣床加工生产率高，加工范围广，铣刀种类多，适应性强，且具有较高的加工精度。其经济加工精度一般为 IT9 ~ IT7，表面粗糙度 *Ra* 值一般为 12. 5 ~ 1. 6 μm。精细铣削精度可达 IT5，表面粗糙度 *Ra* 值可达到 0. 20 μm。

(4) 适于加工平面类及沟槽类零件，特别适合模具等形状复杂的组合体零件的加工，在模具制造等行业中占有非常重要的地位。

四、应用题

1. 答：a) 端铣平面　b) 铣齿轮　c) 铣 V 形槽　d) 切断

2. 答：a) 圆柱铣刀　b) 端铣刀　c) 立铣刀　d) 键槽铣刀　e) 三面刃铣刀

§7—2　铣床的工艺装备

一、填空题

1. 平口钳　万能分度头　回转工作台　万能铣头　铣刀杆　端铣刀盘　铣夹头　锥套

2. 槽和孔　台阶　凸轮　凸轮　曲面

二、判断题

1. ×　2. √　3. ×　4. √　5. √　6. ×

三、选择题

1. A、B　2. B、C　3. A、B、C　4. C

四、简答题

1. 答：平口钳固定在机床工作台上，用来夹持工件进行切削加工，适合装夹以平面定位和夹紧的板类零件、矩形零件以及轴类零件，它常用于安装小型工件。

2. 答：万能分度头利用其分度刻度环和游标、定位销和分度盘以及交换齿轮，将装夹在顶尖间或卡盘上的工件进行圆周等分、角度分度、直线移距分度，辅助机床利用各种不同形状的刀具进行各种多边形、花键、齿轮等的加工工作，并可通过配换齿轮与工作台纵向丝杠连接加工螺旋线、等速凸轮等，从而扩大了铣床的加工范围。

五、应用题

答：a）平口钳　b）回转工作台　c）万能分度头　d）万能铣头

§7—3　铣削工艺方法

一、填空题

1. 周铣　端铣　混合铣
2. 顺铣　逆铣　逆铣
3. 平口钳　压板和垫铁　分度头　专用夹具

二、判断题

1. √　2. √　3. ×　4. √

三、名称解释

1. 答：用铣刀周边齿刃进行的铣削。
2. 答：用铣刀端面齿刃进行的铣削。
3. 答：用铣刀周边齿刃和端面齿刃同时进行的铣削。
4. 答：铣削时，铣刀对工件的作用力在进给方向上的分力与工件进给方向相同的铣削方式。
5. 答：铣削时，铣刀对工件的作用力在进给方向上的分力与工件进给方向相反的铣削方式。

四、简答题

答：(1) 用平口钳装夹。

(2) 用分度头装夹。

(3) 用压板、垫铁直接将工件装夹在铣床工作台上。

(4) 成批生产中用专用夹具装夹。

五、应用题

答：

步骤	图示及说明	目的及要求
1. 分析图样	通过分析图7—4可知，压板为长方形零件，其上需加工15°斜面三处，45°斜面两处，直角沟槽一处，封闭沟槽一处，且该封闭沟槽的对称度公差为0.2 mm，各表面的表面粗糙度 Ra 值均为3.2 μm	了解需要铣削的尺寸、部位、作用、要求及有关的加工工艺
2. 选择铣床、铣刀、装夹方法	选用X5032型立式铣床；用一把直径为 Φ100 mm、齿数为4的硬质合金端铣刀，一把 Φ30 mm的立铣刀，一把 Φ16 mm的键槽铣刀；用平口钳装夹工件	根据生产纲领，确定加工的方式
3. 确定铣刀转速、进给量	端铣刀铣削时主轴转速为300 r/min，工作台进给量为235 mm/min；Φ30 mm的立铣刀铣削时主轴转速为300 r/min，工作台进给量为118 mm/min；Φ16 mm的键槽铣刀铣削时主轴转速为475 r/min，工作台进给量为60 mm/min	根据刀具尺寸、工件材料，确定铣削用量
4. 调整铣床	 将平口钳安装在铣床工作台上，并用百分表校正固定钳口与纵向进给方向平行；安装端铣刀、立铣刀和键槽铣刀，并相应调整铣床主轴转速、工作台进给量	安装铣刀，调整铣床主轴转速、工作台进给量；安装、校正夹具

续表

步骤	图示及说明	目的及要求
5. 安装工件	 根据工作内容将工件用平口钳夹紧	确定工件定位合理，夹持牢固
6. 铣削长方体外形	 采用分层铣削法，每层铣削 2 mm，铣削各平面至尺寸要求	完成长方体外形的铣削
7. 铣削各斜面	 采用分层铣削法，每层铣削 2 mm，铣削各斜面至尺寸要求	完成各斜面的铣削
8. 铣削直角沟槽	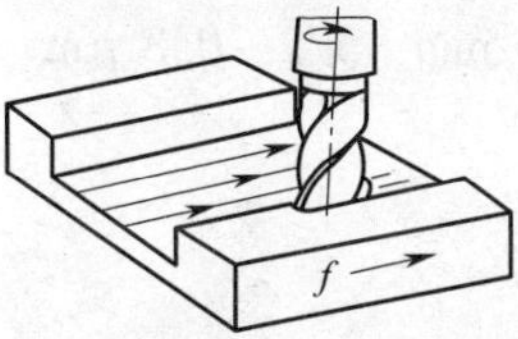 *f* 采用扩刀铣削法，每次铣削槽深 5 mm，槽宽 30 mm，铣削直角沟槽至尺寸要求	完成直角沟槽的铣削

续表

步骤	图示及说明	目的及要求
9. 铣削封闭沟槽	 采用分层铣削法，每层铣削 2 mm，铣削直角沟槽至尺寸要求	完成封闭键槽的铣削
10. 去毛刺，检测工件	用锉刀将加工表面上的毛刺去除后，综合检验各项技术要求	确定所铣压板是否合格

§7—4 镗　削

一、填空题

1. 工作台　主运动　进给运动
2. 卧式铣镗床　立式镗床　坐标镗床　精镗床
3. 主轴　主轴箱　平旋盘　工作台　前立柱　后立柱
4. 圆柱孔　螺纹孔　孔内沟槽　端面
5. IT9 ~ IT7　0. 015 mm　3. 2 ~ 0. 8 μm
6. 粗　半精　精
7. 精　可调

二、判断题

1. √　2. √　3. √　4. √　5. √

三、选择题

1. B 2. A

四、简答题

1. 答：镗削是指保持工件不动，通过切削刀具的旋转产生切削能量，使单刃切削刀具旋转，完成主要切削过程，生成不同大小、尺寸的孔。

镗削的工艺范围较广，它可以镗削单孔或孔系，锪、铣平面，镗盲孔及镗端面等。机座、箱体、支架等外形复杂的大型工件上直径较大的孔，特别是有位置精度要求的孔系，常在镗床上利用坐标装置和镗模加工。利用镗床还可以切槽、车螺纹、镗锥孔和加工球面等。

2. 答：（1）镗刀结构简单，刃磨方便，成本低，适合箱体、机架等结构复杂的大型零件上的孔加工。

（2）镗削加工操作技术要求高。镗削可以方便地加工直径很大的孔。镗削能方便地实现对孔系的加工。

（3）镗床多种部件能实现进给运动，因此，工艺适应能力强，能加工形状多样、大小不一的各种工件的多种表面。

（4）镗孔可修正上一工序所产生的孔的轴线位置误差，保证孔的位置精度。镗孔的经济精度等级为IT9 ~ IT7，孔距精度可达0.015 mm，表面粗糙度 Ra 值为3.2 ~ 0.8 μm。

五、应用题

答：a）镗小直径孔　b）镗大直径孔　c）镗平面　d）钻孔　e）用工作台进给镗螺纹　f）用主轴进给镗螺纹

第八章 磨 削

§8—1 磨 床

一、填空题

1. 线速度
2. 固结 涂覆
3. 砂轮
4. 外圆 内圆
5. 圆柱形
6. 头架 砂轮架
7. 回转中心
8. 内
9. 平面
10. IT7 ~ IT6
11. 自锐

二、判断题

1. √ 2. √ 3. √ 4. √ 5. × 6. × 7. √ 8. √ 9. √ 10. √

三、选择题

1. C 2. B 3. C 4. A 5. D 6. C

四、简答题

1. 答：砂轮的回转运动是主运动，根据不同的磨削内容，进给运动可以是：砂轮的轴向、径向移动，工件的回转运动，工件的纵向、横向移动等。

2．答：磨头主轴上砂轮的回转运动是主运动，进给运动有工作台的纵向进给运动、砂轮的横向和垂直进给运动。

3．答：磨床可用来磨削各种内、外圆柱面，内、外圆锥面，平面，成形表面等。

4．答：（1）磨削速度高。

（2）高磨削温度高。

（3）能获得很好的加工质量。

（4）磨削范围广。

（5）少切屑。

（6）砂轮在磨削中具有自锐作用。

§8—2　砂　　轮

一、填空题

1．磨料　结合剂　气孔

2．粒度　硬度　组织

3．磨粒　粒度

4．磨料

5．氧化物（刚玉）　碳化物　天然超硬材料

6．硬度

7．软　硬

8．内部结构

9．0 ~ 14　疏松

10．结合剂

11．惯性力　破碎

12．圆周

13. 磨具　标准

14. 平衡

15. 修整

二、判断题

1. √　2. √　3. ×　4. ×　5. ×　6. √　7. ×　8. ×　9. ×　10. √　11. √　12. √　13. √　14. √　15. √

三、选择题

1. A　2. B　3. D　4. B　5. D　6. D　7. D　8. A　9. A　10. C　11. A　12. A　13. A　14. B

四、简答题

1. 答：砂轮的特性由磨料、粒度、硬度、组织、结合剂、形状和尺寸、强度（最高工作速度）七个要素来衡量。

2. 答：砂轮（磨具）的标记由磨具名称、标准号、形状型号、尺寸以及砂轮特性标记组成。

3. 答：砂轮与法兰底盘轴径之间应有 0.1 ~ 0.2 mm 的配合间隙，安装时不要太紧，也不能太松。

如果间隙太小，配合过紧装不下砂轮时，可用刮刀均匀地修刮砂轮内孔，一直刮到刚好能装入为止。

如果间隙太大，配合过松，则在法兰底盘轴径处垫上一层纸片作为衬垫，以减小安装偏心。如果间隙相差太大，则需重新选择配对。

直径较小的砂轮使用黏结剂紧固。

4. 答案略。

§8—3 磨削方法

一、填空题

1. 纵向　横向　综合　深度
2. 两顶尖装夹　三爪自定心卡盘装夹　四爪单动卡盘装夹
3. 纵向磨削　横向磨削
4. 转动工作台法　转动头架法　转动砂轮架法
5. 横向磨削法　深度磨削法　台阶磨削法
6. 电磁吸盘
7. 电磁原理
8. 圆周

二、判断题

1. √　2. √　3. √　4. √　5. ×　6. ×　7. √　8. √　9. √　10. √

三、选择题

1. D　2. B　3. C　4. A　5. D　6. D　7. C　8. A

四、简答题

1. 答：与磨外圆相比，磨内圆有如下特点：

(1) 砂轮与砂轮接长轴的直径都受到工件孔径的限制，因此，一方面磨削速度难以提高，另一方面磨具刚度较差，容易振动，使加工质量和生产率受到影响。

(2) 砂轮容易堵塞、磨钝，磨削时不易观察，冷却条件差。

(3) 在万能外圆磨床上用内圆磨头磨削内圆主要用于单件、

小批生产，在大批量生产中则宜使用内圆磨床磨削。

2. 答：（1）工件装夹方便迅速。

（2）工件装夹稳固牢靠。

（3）能同时装夹多个工件。

（4）工件的定位基准面被均匀地吸紧在台面上，减小了工件的平行度误差。

第九章　刨削、插削和拉削

§9—1　刨　　削

一、填空题

1. 直线往复
2. 牛头刨床　龙门刨床
3. 床身　滑枕　刀架　工作台
4. 床身　工作台　立柱　刀架　横梁　进给箱　减速箱
5. 平面　台阶　槽　曲面
6. IT9 ~ IT7　12.5 ~ 1.6 μm　IT6　0.8 ~ 0.2 μm

二、判断题

1. √　2. √　3. √　4. √

三、选择题

1. C　2. C　3. C

四、简答题

1. 答：刨削是用刨刀对工件做水平相对直线往复运动的切

削加工方法。刨削可以加工平面、台阶、槽、曲面等。

2. 答：（1）刨削的主运动是直线往复运动，在空行程时做间歇进给运动。由于刨削过程中无进给运动，因此刀具的切削角不变。

（2）刨床结构简单，调整操作都较方便；刨刀为单刃工具，制造和刃磨较容易，价格低廉，所以刨削生产成本较低。

（3）由于刨削的主运动是直线往复运动，刀具切入和切离工件时有冲击负载，因此，限制了切削速度的提高，此外，还存在空行程损失，因此刨削生产效率较低。

（4）刨削的加工精度通常为 IT9 ~ IT7，表面粗糙度 *Ra* 值为 12.5 ~ 1.6 μm；采用宽刃刀精刨时，加工精度可达 IT6，表面粗糙度 *Ra* 值为 0.8 ~ 0.2 μm。

五、应用题

答：a）刨平面　b）刨垂直面　c）刨斜面　d）刨台阶　e）刨直角沟槽　f）刨 T 形槽

§9—2　插　　削

一、填空题

1. 直线往复

2. 床身　圆工作台　滑枕　上滑座　下滑座　变速机构　分度机构

3. 键槽　方孔　多边形孔　花键孔

4. IT9 ~ IT7　12.5 ~ 1.6 μm

二、判断题

1. √　2. ×

三、选择题

1. C 2. B

四、简答题

1. 答：插削是用插刀对工件做垂向方向的直线往复运动的切削加工方法。

插削可以加工单件小批量生产中零件的某些内表面及外表面，如孔内键槽、方孔、多边形孔和花键孔等。

2. 答：(1) 插床与插刀的结构简单，加工前的准备工作和操作也比较方便，但与刨削一样，插削时也存在冲击和空行程损失，因此主要用于单件、小批量生产。

(2) 插削的工作行程受刀杆刚性的限制，槽长尺寸不宜过大。

(3) 插床的刀架没有抬刀机构，工作台也没有让刀机构，因此，插刀在回程时与工件相摩擦，工作条件较差。

(4) 除键槽、型孔以外，插削还可以加工圆柱齿轮、凸轮等。

(5) 插削的经济加工精度为 IT9 ~ IT7，表面粗糙度 Ra 值为 6.3 ~ 1.6 μm。

五、应用题

答：a) 孔内单键槽 b) 花键孔 c) 方孔 d) 多边形孔 e) 扇形齿轮

§9—3 拉　削

一、填空题

1. 相对直线
2. 内拉床　外拉床　连续拉床
3. 圆孔　方孔　多边形孔　花键孔
4. IT9 ~ IT7　1. 6 ~0. 4 μm

二、判断题

1. √　2. ×　3. √

三、选择题

1. D　2. C

四、简答题

1. 答：拉削是在拉力的作用下，通过拉刀与工件的相对直线运动，切削工件内、外表面的方法。

内拉削可以加工圆孔、方孔、多边形孔、键槽、花键孔、内齿轮等各种型孔。外拉削可以加工平面、成形面、花键轴的齿形、蜗轮盘和叶片上的榫槽等。

2. 答：（1）拉刀在一次行程中能切除加工表面的全部余量，所以拉削的生产率较高。

（2）拉刀制造精度高，切削部分有粗切和精切之分，校准部分又可对加工表面进行找正和修光，所以拉削的加工精度较高，经济精度为 IT9 ~ IT7，表面粗糙度值为 *Ra*1. 6 ~0. 4 μm。

（3）拉床采用液压传动，故拉削过程平稳。

（4）拉刀适应性差，一把拉刀只适于加工某一种尺寸和精度等级的一定形状的加工表面，且不能加工台阶孔、盲孔和特大直径的孔。由于拉削力很大，拉削薄壁孔时容易变形，所以薄壁件也不宜采用拉削。

（5）拉刀结构复杂，制造费用高，因此只有在大批量生产中才能显示其经济、高效的特点。

（6）拉削的孔径通常为 10 ~ 100 mm，孔的长度与孔径之比值不宜大于 3。拉削前的预加工孔不需要经过精确加工，钻削或粗镗后即可进行拉削。

第十章　齿 轮 加 工

§10—1　圆柱齿轮的切削加工

一、填空题

1．成形法　展成法

2．铣齿　拉齿　磨齿

3．插齿　滚齿　剃齿　珩齿

4．低　低　高　已淬火

二、判断题

1．√　2．×　3．√　4．√　5．√　6．√　7．√　8．√　9．√　10．√

三、简答题

1．答：成形法利用与被切齿轮齿槽轮廓相同的成形刀具或成形砂轮，由分度机构将工件分齿逐齿切出。

2．答：展成法利用轮廓与被切齿轮轮廓相共轭的刀具（或磨具），并通过轮坯与刀具间的展成运动将齿切出。

3．答：

磨齿方式	锥面砂轮	碟形双砂轮	大平面砂轮	蜗杆砂轮	成形砂轮
加工精度	IT6 ~ IT5	IT4 ~ IT3	IT4 ~ IT3	IT5 ~ IT4 （最高可达 IT3）	IT6 ~ IT5

§10—2　锥齿轮的切削加工

一、填空题

1．成形法　仿形法　展成法

2．较低　IT9　单件　小批量

3．IT8 ~ IT7　0. 3 ~ 20 mm　最广

4．齿面质量　齿形精度　研齿　磨齿

二、判断题

1．√　2．√　3．√　4．√　5．√

§10—3　齿轮的无屑加工

一、填空题

1．冷态成形　热态成形

2．冷轧　冷锻　冲裁　热轧　精密模锻　粉末冶金

3．IT9 ~ IT8　*Ra*0. 63 ~ 0. 16 μm　IT8　*Ra*0. 32 ~ 0. 16 μm　IT9 ~ IT8

二、判断题

1. √ 2. √ 3. √

三、选择题

1. C 2. C 3. C 4. C 5. A

第十一章 数控加工与特种加工

§11—1 数控机床概述

一、填空题

1. 数字信息
2. 数控装置
3. 控制介质
4. 数控装置
5. 执行机构
6. 主轴 进给
7. CNC
8. CNC
9. 工作台 丝杠
10. 主轴
11. 立式 卧式
12. 刀库
13. 放电
14. 立式 卧式 立卧两用

15. 手工　自动

二、判断题

1. × 2. × 3. √ 4. √ 5. √ 6. × 7. × 8. × 9. × 10. ×

三、选择题

1. D 2. B 3. D 4. B 5. C 6. A 7. A 8. D 9. C

四、名词解释

1. 答：按加工要求预先编制的程序，由控制系统发出数字信息指令对工件进行加工的机床，称为数控机床

2. 答：数控技术是指用数字量及字符发出指令并实现自动控制的技术，它已经成为制造业实现自动化、柔性化、集成化生产的基础技术。

3. 答：数控加工程序是按规定格式描述零件几何形状和加工工艺的数控指令集。

4. 答：由程序员或操作者以手工方式完成整个加工程序编制工作的方法，称为手工编程。

5. 答：自动编程是利用计算机专用软件来编制数控加工程序。

五、简答题

1. 答：数控机床的种类较多，组成各不相同，总体上讲，数控机床主要由控制介质、数控装置、伺服系统、测量反馈装置和机床主体等部分组成。

2. 答：数控装置是数控机床的核心。它接受控制介质上的数字化信息，经过控制软件或逻辑电路进行编译、运算和逻辑处

理后，输出各种信号和指令，控制机床的各个运动部分，进行规定的、有序的运动。

3．答：伺服系统的作用是把来自 CNC 的指令信号转换为机床移动部件的运动，使工作台（或溜板）精确定位或按规定的轨迹做严格的相对运动，最后加工出符合图样要求的零件。

4．答：测量反馈装置的作用是通过测量元件将机床移动的实际位置、速度参数检测出来，转换成电信号，并反馈到 CNC 装置中，使 CNC 能随时判断机床的实际位置、速度是否与指令一致，并发出相应指令，纠正所产生的误差。

5．答：用数控机床加工零件时，根据零件图样要求及加工工艺，将所用刀具、刀具运动轨迹与速度、主轴转速与旋转方向、冷却等辅助操作以及相互间的先后顺序，以规定的数控代码形式编制成程序，并输入到数控装置中，在数控装置内部控制软件的支持下，经过处理、计算后，向机床伺服系统及辅助装置发出指令，驱动机床各运动部件及辅助装置进行有序的动作与操作，实现刀具与工件的相对运动，加工出所要求的零件。

6．答：（1）加工零件适应性强，灵活性好。

（2）加工精度高，产品质量稳定。

（3）综合功能强，生产效率高。

（4）自动化程度高，工人劳动强度下降。

（5）生产成本降低，经济效益好。

（6）数字化生产，管理水平提高。

7．答：（1）图样分析。

（2）确定加工工艺。

（3）数值处理。

（4）编写程序。

（5）制作控制介质。

（6）程序校验与试切。

§11—2　数控加工工艺

一、填空题

1. 机床　机床
2. 刀具刀位点
3. 连续
4. 径向
5. 背吃刀量
6. 刀具

二、判断题

1. √　2. √　3. √　4. √　5. ×　6. √　7. ×　8. ×

三、选择题

1. B　2. B　3. A　4. A　5. A

四、名词解释

1. 答：所谓加工路线就是指数控机床在加工过程中刀具刀位点相对于工件的运动轨迹，是编写加工程序的依据之一。

2. 答：将工艺规程的内容填入一定格式的卡片中，用于生产准备、工艺管理和指导工人操作等的各种技术文件称为工艺文件。

五、简答题

1. 答：在确定加工路线时，要考虑以下几点：

（1）对点位加工的数控机床，如钻床、镗床，要考虑尽可能缩短加工路线，以减少空程时间，提高加工效率。

（2）为保证工件轮廓加工后的表面粗糙度要求，最终完工轮廓应由最后一刀连续加工而成。

(3) 必须认真考虑刀具的进退刀路线，要尽量避免在轮廓处接刀，对刀具的“切入”和“切出”要仔细设计。

(4) 铣削轮廓的加工路线要合理选择。

(5) 旋转体类零件一般采用数控车床或数控磨床加工，由于车削零件的毛坯多为棒料或锻件，加工余量大且不均匀，因此合理制定粗加工时的加工路线对于编程至关重要。

2. 答：影响切削用量的主要因素如下：

(1) 工件材料。工件材料硬度高低会影响刀具切削速度，同一刀具加工硬材料时切削速度应降低，而加工较软材料时，切削速度可以提高。

(2) 刀具材料。刀具材料不同，允许的最高切削速度也不同。高速钢刀具耐高温切削速度不到 50 m/min，碳化物刀具耐高温切削速度在 100 m/min 以上，陶瓷刀具的耐高温切削速度可高达 1 000 m/min。

(3) 刀具几何角度。刀具几何参数合理，就可以减小切削变形和摩擦，降低切削力和切削热，可以提高切削用量。

(4) 机床及夹具刚度。机床的刚度直接影响切削用量的选择，高刚度机床可以承担较高的主轴转速、背吃刀量和进给速度，同理，夹具的刚度也会影响切削用量的制定。

六、应用题

答案略。

§11—3 特种加工

一、填空题

1. 电　声　堆积

2. 工具

3. 成形

4. 电火花成形

5. 电极丝

6. 工具

7. 负　正

8. 快速走丝　慢速走丝

9. 阳极溶解

10. 超声频

11. 沉积

二、判断题

1. √　2. ×　3. √　4. ×　5. ×　6. √　7. √　8. √　9. √　10. √

三、选择题

1. D　2. A　3. A

四、名词解释

1. 答：特种加工主要利用电、磁、声、光、热、液、化学等能量单独或复合对材料进行去除、堆积、变形、改性、镀覆等的非传统加工方法。

2. 答：在一定的介质中，通过工件和工具电极间脉冲火花放电，使工件材料熔化、汽化而被去除或在工件表面进行材料沉积的加工方法，称为电火花加工。

3. 答：电解加工是利用金属工件在电解液中所产生的阳极溶解作用而进行的加工方法，又称电化学加工。

4. 答：电铸加工是利用金属的电解沉积原理来精确复制某些复杂或特殊形状工件的特种加工方法。

五、简答题

答：电火花加工是在液体介质中进行的，机床的自动进给调节装置使工件和工具电极之间保持适当的放电间隙，当工具电极和工件之间施加很强的脉冲电压（达到间隙中介质的击穿电压）时，会击穿介质绝缘强度最低处。由于放电区域很小，放电时间极短，所以，能量高度集中，使放电区的温度瞬时高达10 000～12 000℃，工件表面和工具电极表面的金属局部熔化甚至汽化蒸发。局部熔化和汽化的金属在爆炸力的作用下抛入工作液中，并被冷却为金属小颗粒，然后被工作液迅速冲离工作区，从而使工件表面形成一个微小的凹坑。一次放电后，介质的绝缘强度恢复等待下一次放电。如此反复使工件表面不断被蚀除，并在工件上复制出工具电极的形状，从而达到成形加工的目的。

六、应用题

答：

特种加工方法	所能加工的材料
电火花成形加工	导电材料
电火花线切割加工	导电材料
超声波加工	加工导电、不导电体和半导体材料
激光加工	加工各种金属材料和非金属材料
电子束加工	各种金属和非金属材料
电解加工	导电材料

第十二章　先进制造工艺技术

§12—1　超精密加工技术

一、填空题

1．微量　磨削

2．刃磨　修整

3．金刚石

4．砂轮的修整

5．金刚石　立方氮化硼（CBN）

6．修形　修锐

7．12～30　80～100

8．主轴　驱动

9．液体静压　空气静压

10．1～2

二、判断题

1．√　2．×　3．×　4．√　5．√　6．×

三、选择题

1．D　2．C　3．B

四、简答题

1．答：（1）超精密加工机理。

（2）超精密加工刀具、磨具及其制备技术。

（3）超精密加工机床设备。

（4）精密测量及补偿技术。

（5）严格的工作环境。

2. 答：（1）具有极高的硬度，硬度为6 000 ~ 10 000 HV，而TiC仅为3 200 HV，WC为2 400 HV。

（2）能磨出极其锋利的刃口，且切削刃没有缺口、崩刃等现象。普通切削刀具的刃口半径只能磨到5 ~ 30 μm，而天然单晶金刚石刃口圆弧半径可小到数纳米，没有其他任何材料可以磨到如此锋利的程度。

（3）热化学性能优越、导热性能好，与有色金属间的摩擦因数低、亲和力小。

（4）耐磨性能好，切削刃强度高。金刚石摩擦因数小，与铝的摩擦因数仅为0.06 ~ 0.13，如切削条件正常，刀具磨损极慢，刀具的使用寿命极高。

3. 答：超精密加工机床的精度质量主要取决于机床的主轴部件、床身导轨以及驱动部件等关键部件。

§12—2　高速加工技术

一、填空题

1. 高速切削
2. 电主轴
3. 立柱型对称
4. 陶瓷　立方氮化硼
5. 动平衡

二、判断题

1. √　2. √　3. √　4. √

三、选择题

1. D 2. C 3. D

四、简答题

1. 答：(1) 切削力小。
(2) 热变形小。
(3) 材料切除率高。
(4) 提高了加工质量。
(5) 简化了工艺流程。

2. 答：高速主轴单元、快速进给系统、先进的机床结构、高速加工工具以及高速 CNC 控制系统。

§12—3 增材制造技术

一、填空题

1. 离散分层制造
2. 二维薄片

二、判断题

1. √ 2. √

三、简答题

1. 答：(1) 建立三维实体模型。
(2) 生成数据转换文件。
(3) 分层切片。
(4) 逐层堆积成形。
(5) 成形实体的后处理。

2. 答：航空航天、汽车零件、生物医学、建筑、军事等领域。

第十三章　装　　配

§13—1　固定连接的装配

一、填空题

1. 活动　螺纹　键　销　过盈
2. 固定　结构简单　连接可靠　装拆方便
3. 圆螺母
4. 扭力
5. 拧紧　松开
6. 拧紧　预紧力　摩擦
7. 螺纹公差带　旋合长度　精密　中等　粗糙
8. 紧固性　螺纹尾部的不完整牙型
9. 双螺母　长螺母
10. 定位　连接　过载保护
11. 同时
12. 键　周向
13. 松键　紧键　花键
14. 普通平键　半圆键　导向平键　滑键
15. 侧面　周向　轴向　同轴
16. 轮毂　轮毂　轴槽　大
17. 楔紧　轴向　轴向　不高　较低
18. 矩形　渐开线　动　静

19. 强　大　高　好　大　高

20. 包容件（孔）　被包容件（轴）　过盈量

21. 轴向　冲击　高　强

22. 包容件（孔）　被包容件（轴）

23. 沸水　蒸气　油　电阻炉　感应

24. 轴　孔　干冰　液氮

25. 轴向　螺母压紧　液压套合

二、判断题

1. √　2. ×　3. √　4. √　5. ×　6. √　7. √　8. ×　9. √　10. ×　11. ×　12. √　13. ×　14. ×　15. √　16. ×　17. ×　18. √

三、选择题

1. A　2. C　3. C　4. A　5. B　6. C　7. B　8. B　9. B　10. A　11. A　12. C　13. B　14. A　15. A　16. C

四、简答题

1. 答：螺纹连接是一种可拆的固定连接，它具有结构简单、连接可靠、装拆方便等优点，在机械中应用非常广泛。

2. 答：(1) 保证一定的拧紧力矩。

(2) 有可靠的防松措施。

(3) 保证螺纹连接的配合精度。

3. 答：螺纹进行预紧的目的是增强螺纹连接的刚性、紧密性和防松性能，保证螺纹连接的正常工作，还可以提高螺纹件的疲劳强度。

常用预紧力的控制方法有：

(1) 扭矩法（用扭力扳手控制）。

(2) 扭角法（控制螺钉或螺母的转角）。

（3）控制螺栓伸长法。

4. 答：（1）附加摩擦力防松

1）双螺母一般用于低速重载或较平稳的场合。

2）弹簧垫圈一般用于工作较平稳且不经常装拆的场合。

（2）机械防松

1）槽螺母，多用于变载和震动场合。

2）止动垫圈，常用于受力不大的圆螺母防松。

3）带耳垫圈，常用于连接部分可容纳弯耳的场合。

4）串联钢丝，适用于结构紧凑的成组螺纹连接。

（3）破坏螺纹副防松

焊点或冲点，用于不再拆卸的场合。

5. 答：装配圆锥销时，应以小端直径选择钻头，被连接件的两孔应同时钻、铰加工，孔径大小以锥销长度的 80% 左右能自由插入为宜，用铜棒轻轻敲入后，锥销的大端可稍露出或平于被连接件。

6. 答：松键连接分为普通平键连接、半圆键连接、导向平键连接和滑键连接。

（1）普通平键连接靠键的侧面传递转矩，只对轴上零件作周向固定，不能承受轴向力，轴与轮毂的同轴度较好，常用于高精度、传递重载荷、冲击及双向扭矩的场合。

（2）半圆键连接的结构简单，制造和装拆方便，但由于轴上键槽较深，对轴的强度削弱较大，一般多用于轻载连接，尤其是锥形轴端与轮毂的连接中。

（3）滑键连接是将滑键固定在轮毂上，键随轮毂一起沿轴槽滑动，适用于轴向移动距离较大的场合。

（4）导向键连接是用螺钉将导向键固定在轴的键槽中，轮毂沿键的侧面做轴向滑动，适用于轮毂沿轴向移动距离较小的场合。

7. 答：花键连接具有承载能力强、传递扭矩大、同轴度高和导向性好等优点，但制造成本高，适用于载荷大和同轴度要求高的传动机构中。

花键连接按齿形不同，分为矩形花键和渐开线花键两种。

8. 答：过盈连接是靠包容件（孔）和被包容件（轴）配合后的过盈量来达到紧固连接目的的一种连接方法。

过盈连接能传递转矩、轴向力和一定的冲击载荷，具有结构简单、同轴度高、承载能力强等优点，但对配合面加工精度要求较高，装拆比较困难。

9. 答：(1) 配合件要有较高的形位精度，并保证配合时有足够、准确的过盈量。

(2) 配合表面应有较小的表面粗糙度值。

(3) 装配时，擦净配合表面并涂上机油，压入过程应连续，速度要稳定，不宜太快，一般以 2 ~ 4 mm/s 为宜，并准确地控制压入行程。

(4) 细长件或薄壁零件，装配前应注意检查过盈量和形位公差，装配时最好沿垂直方向压入，以免变形。

10. 答：(1) 圆柱面过盈连接的常用装配方法有：

1) 压入法。

2) 热胀法。

3) 冷缩法。

(2) 圆锥面过盈连接的常用装配方法有：

1) 螺母压紧法。

2) 液压套合法。

五、应用题

答：该联轴器采用了弹簧垫圈防松方法，属于摩擦力防松。

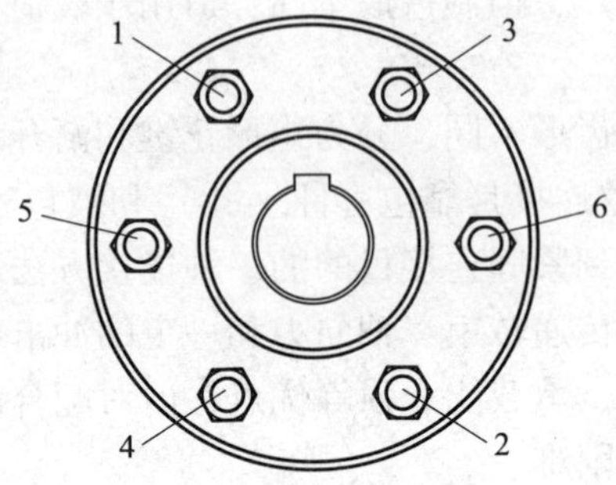

§13—2　传动机构的装配

一、填空题

1．轮齿间　运动　动力
2．偏心　歪斜
3．自如　阻止　准确
4．平行度　角度
5．压铅丝　百分表
6．位置　面积　涂色法
7．静平衡
8．齿侧间隙　接触精度
9．摩擦力　啮合
10．平稳　小　简单　过载保护　较大
11．径向　端面　平行
12．张紧轮法
13．链条　链条　链轮　运动
14．平行　重合　轴向
15．径向　端面

二、判断题

1. √ 2. × 3. × 4. √ 5. × 6. × 7. × 8. × 9. √ 10. √ 11. ×

三、选择题

1. A 2. B 3. C 4. A 5. B 6. C 7. A、B 8. C

四、简答题

1. 答：齿轮传动是机械中最常用的传动方式，它依靠轮齿间的啮合来传递运动和动力。

齿轮传动具有传动比恒定、速比范围大、传动效率高、传动功率大、结构紧凑、使用寿命长等优点；缺点是无过载保护、高速时噪声大、不宜用于远距离传动、制造装配要求高等。

2. 答：齿轮传动机构的装配工艺要求主要有：

(1) 齿轮孔与轴的配合要符合要求。

(2) 两齿轮轴线的位置精度应符合要求。

(3) 保证适当的齿侧间隙。

(4) 保证齿面的接触精度。

(5) 进行必要的平衡试验。

3. 答：齿侧间隙过小，齿轮转动不灵活，热胀时易卡齿，从而加剧齿面磨损。

齿侧间隙过大，容易产生冲击和振动，换向时空行程大。

4. 答：带传动是一种常用的机械传动，它是依靠张紧在带轮上的带与带轮之间的摩擦力或啮合来传递运动和动力。

带传动具有工作平稳、噪声小、结构简单、制造方便及能过载保护等优点，适用于两轴中心距较大的传动。

5. 答：带传动机构的装配工艺要求主要有：

(1) 带轮的安装要正确。

(2) 带轮工作表面粗糙度值要符合要求。

(3) 带的初拉力要适当。

6. 答：带传动是摩擦传动，适当的初拉力是保证带传动正常工作的重要因素。初拉力过小，不能传递一定的功率；初拉力过大，对轴和轴承的压力较大，影响其使用寿命。

7. 答：链传动具有传递功率大、传动效率高、能保证准确的平均传动比，对工作环境要求低等特点，适用于远距离传动或温度变化大的场合。

8. 答：安装链轮时应满足：

(1) 链轮的两轴线必须平行。

(2) 两链轮的中心平面应重合。

(3) 链轮的圆跳动量符合要求。

§13—3 轴承的装配

一、填空题

1. 轴　旋转件
2. 滚动　滑动
3. 结构　内圈与轴颈　先紧后松
4. 锤击　压入　热装法
5. 推力球　转动　静止
6. 两端单向　一端双向
7. 原始　配合　工作
8. 刚度　旋转精度
9. 尺寸　过盈量
10. 上轴瓦　下轴瓦

二、判断题

1. ×　2. √　3. ×　4. √　5. √　6. √　7. √

8. √ 9. × 10. × 11. ×

三、选择题

1. C 2. A 3. C 4. B 5. A 6. B 7. A

四、简答题

1. 答：滚动轴承具有摩擦力小、轴向尺寸小、工作可靠、启动性能好、更换方便、维护容易，在中等速度下承载能力较高等优点，被广泛应用于各种机器和机构中。

2. 答：滚动轴承的预紧是指轴承在装配时，给轴承的内圈或外圈施加一个轴向力，以消除轴承游隙，并使滚动体与内、外圈接触处产生初变形。

3. 答：滚动轴承的游隙不能太大或太小。游隙太大，不但降低轴承的旋转精度，还会造成同时承受载荷的滚动体的数量减少，使单个滚动体的承受载荷增大，从而降低使用寿命。游隙太小，会使摩擦力增大，产生的热量增加，加剧磨损。因此，在轴承装配时应根据技术要求严格控制和调整游隙。

通常采用使轴承的内圈对外圈做适当的轴向相对位移的方法来保证游隙。

4. 答：滑动轴承与滚动轴承相比具有结构简单，制造方便，径向尺寸小，润滑油膜有吸振能力，工作平稳可靠，无噪声，并能承受较大的冲击负荷等优点。

5. 答：（1）将轴套和轴承座孔去除毛刺，清理干净后在轴承座孔内涂润滑油。

（2）根据轴套尺寸和配合时过盈量的大小，采取敲入法或压入法将轴套装入轴承座孔内，并进行固定。

（3）轴套压入轴承座孔后，易发生尺寸和形状变化，应采用铰削或刮削的方法对内孔进行修整、检验，以保证轴颈与轴套之间有良好的间隙配合。

6. 答：(1) 上、下轴瓦与轴承座、盖应接触良好，同时轴瓦的台肩应紧靠轴承座两端面。

(2) 为了实现紧密配合，保证有合适的过盈量，薄壁轴瓦的剖分面应比轴承座的剖分面高一些。

(3) 为提高轴承的配合精度，轴瓦孔与轴应进行研点配刮。

§13—4 装配工艺规程制定

一、填空题

1. 装配顺序　装配方法　装配技术要求　装配工作　组织装配

2. 工艺文件　技术要求　相互连接

3. 部件　总

4. 几何　工作

5. 气体清洗　浸酯清洗　喷淋清洗

6. 较精密　更高

7. 静不平衡　动不平衡

8. 长径比　长径比

9. 气压法　液压法

10. 固定式　移动式

11. 尺寸链

12. 关联性　封闭性

13. 3　环

14. 封闭

15. 封闭环　装配技术要求　装配精度

16. 组成

17. 互换　分组　修配　调整

18. 装配施工

19. 整体　局部　局部　细节

20. 装配图　装配单元系统图

二、判断题

1. √　2. ×　3. √　4. ×　5. √　6. ×　7. ×　8. ×　9. ×　10. √　11. ×　12. ×　13. ×　14. √

三、选择题

1. C　2. B　3. B　4. B　5. A　6. C　7. B　8. C　9. A　10. B

四、名词解释

1. 答：将两个以上的零件组合在一起或将零件与几个组件结合在一起，成为一个单元的装配工作，称为部件装配。

2. 答：影响某一装配精度的各有关装配尺寸所组成的尺寸链，就称之为装配尺寸链。

3. 答：在其他组成环不变的条件下，当某组成环增大时，封闭环随之增大，那么该组成环称为增环。

4. 答：可以独立装配的部件、组件和分组件称为装配单元。

5. 答：表示产品装配单元的划分及其装配顺序的示意图称为装配单元系统图。

五、简答题

1. 答：装配工艺过程包括以下 4 个阶段：

（1）装配前的准备。

（2）装配工作。

（3）调整、精度检验和试车。

（4）喷漆、油封、装箱。

2. 答：常用的清洗剂有汽油、煤油、柴油和化学清洗液等。

化学清洗液含有表面活性剂，对油脂、水溶性污垢具有良好的清洗能力，且配制简单，稳定耐用，无毒，不易燃，使用安全，以水代油，节约能源，常用于清洗钢件上以油为主的油垢和机械杂质。

3. 答：机器中的旋转件，由于材料密度不均匀、本身形状对旋转中心不对称、加工或装配产生误差等原因，造成重心与旋转中心发生偏移，旋转时，因有不平衡量而产生离心力，使旋转中心无法固定，引起机械振动，从而使机器工作精度降低，零件使用寿命缩短，噪声增加，甚至发生破坏性事故。所以，机器中的旋转件必须进行平衡实验。

4. 答：装配的组织形式一般分为固定式装配和移动式装配两种。

固定式装配是将产品或部件的全部装配工作安排在一个固定的工作地点进行。在装配过程中，产品的位置不变，装配所需的零件和部件都汇集在工作场地附近。固定式装配主要应用于单件生产或小批量生产。

移动式装配是指工作对象（部件或组件）在装配过程中，有顺序地由一个工人转移给另一个工人。这种转移可以是装配对象的移动，也可以是工人自身的移动。其特点是每个工作地点重复地完成固定的工作内容，可广泛地使用专用设备和专用工具，故装配质量好，生产效率高，主要适用于大批量生产。

5. 答：（1）关联性：尺寸链中各尺寸相互联系、相互影响，像链条一样，一环扣一环。

（2）封闭性：有关尺寸首尾相接，呈封闭状态。

6. 答：在装配时，各配合零件不经修配、选择或调整即可达到装配精度的方法称为互换装配法。互换装配法的装配精度完全依赖于零件的制造精度。

（1）装配操作简便，生产效率高。

（2）装配时间易确定，便于组织流水线装配。

（3）零件磨损后更换方便。

（4）对零件精度要求高，适用于组成环数少、装配精度要求不高的场合或大批量生产中。

7．答：在成批或大量生产中，将产品各配合副的零件按实测尺寸分组，装配时按组进行互换装配以达到装配精度的方法称为分组装配法。这种装配方法的装配精度取决于分组数，其特点如下：

（1）经分组后零件的配合精度高。

（2）可增大零件的制造公差，使零件制造成本降低。

（3）虽然增加了测量、分组等工作，但可以提高装配精度。

（4）适用于大批量生产中装配精度要求很高、组成环数较少的场合。

8．答：在装配时，修去指定零件上预留修配量，以达到装配精度的方法称为修配装配法。

（1）零件的加工精度要求降低。

（2）不需要高精度的加工设备，节省机械加工时间。

（3）装配工作复杂化，装配时间增加，适于单件、小批生产或成批生产的精度高的产品。

9．答：在装配时，用改变产品中可调整零件的相对位置或选用合适的调整件以达到装配精度的方法称为调整装配法。

（1）装配时，零件不需要任何修配加工，只靠调整就能达到装配精度。

（2）可以定期进行调整，容易恢复配合精度，对于容易磨损而需要改变配合间隙的结构极为有利。

（3）容易使配合件的刚度受到影响，甚至会影响配合件的位置精度和使用寿命。

10．答：（1）保证产品质量。

（2）合理地安排装配顺序和工序，尽量减少钳工手工劳动量，缩短装配周期，提高装配效率。

（3）尽量减少装配占地面积，提高单位面积的生产率。

（4）要尽量减少装配工作所占的成本。

11. 答：（1）划分装配单元，确定装配方法。

（2）拟定装配顺序，划分装配工序。

（3）计算装配时间定额。

（4）确定各工序装配技术要求、质量检查方法和检查工具。

（5）确定装配时零部件的输送方法及所需要的设备与工具。

（6）选择和设计装配过程中所需的工具、夹具及专用设备。

12. 答：（1）产品的总装配图样、部件装配图样、主要零件图样以及零件明细表等。

（2）产品的验收技术条件包括试验工作的内容及方法。

（3）产品的生产规模。

（4）现有的工艺装备、车间面积、工人技术水平以及工时定额标准等。

13. 答：（1）对产品进行分析。

（2）确定装配方法和装配的组织形式。

（3）划分装配单元，确定装配顺序。

（4）绘制装配单元系统图。

（5）划分装配工序及装配工步。

（6）编写装配工艺文件。

（7）制定产品检测与试验规范。

六、应用题

1. 答：根据题意绘制尺寸链简图

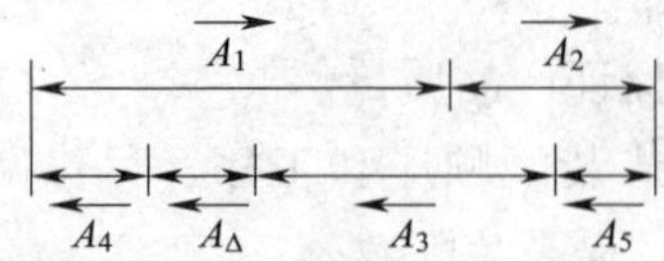

$$A_{\Delta\max} = \sum_{i=1}^{m} \overrightarrow{A_{i\max}} - \sum_{i=1}^{n} \overleftarrow{A_{i\min}} = (101.15 + 50.15) - (4.95 + 139.9 + 4.95) = 1.5(\text{mm})$$

$$A_{\Delta\min} = \sum_{i=1}^{m} \overrightarrow{A_{i\min}} - \sum_{i=1}^{n} \overleftarrow{A_{i\max}} = (101 + 50) - (5 + 140 + 5) = 1(\text{mm})$$

答：$A_{\Delta}=1\sim1.5$ mm，满足设计要求。

2. 答：主动轴组件装配单元系统图如下：

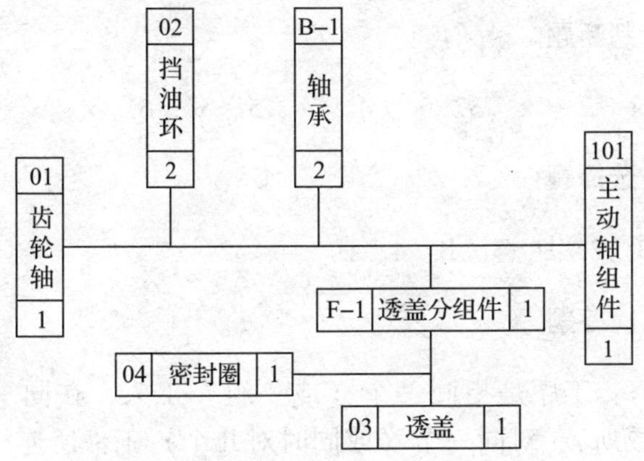

第十四章　机械加工工艺规程

§14—1　基 本 概 念

一、填空题

1. 机械加工工艺过程　操作方法
2. 形状　尺寸　性能　成品　半成品

3. 加工表面　刀具

4. 定位　夹紧

5. 单件生产　成批生产　大量生产

6. 加工对象　低　高　过程卡

7. 工序　工序内容　操作要求

8. 毛坯制造　热处理

9. 产品质量　生产效率

10. 工序卡　工序

二、判断题

1. ×　2. ×　3. ×　4. ×　5. √　6. ×

三、选择题

1. B　2. D　3. B　4. D

四、简答题

1. 答：工序是指同一个（或一组）工人，在同一台机床（或同一场所），对同一个（或同时对几个）工件所连续完成的那一部分工艺过程。

生产类型不同，工序的划分也不同。一般来说，完成同样的加工任务，在单件小批量生产时，工序相对集中，工序数量较少；在成批量生产时，工序相对分散，工序数量随着批量的增加而增加。

2. 答：机械加工工艺卡是以工序为单元，详细说明产品（或零、部件）在某一工艺阶段中的工序号、工序名称、工序内容、工艺参数、操作要求以及采用的设备和工艺装备等。它是工艺准备、生产管理和指导操作的一种主要技术文件，广泛用于批量生产的零件和小批量生产的重要零件。

3. 答：成批生产的加工对象周期性的变换，可采用部分通用机床和部分高效率机床或专业机床进行加工，广泛使用专用刀具、量具和专用夹具，零件大部分具有互换性，其毛坯如需锻造多用金属模、模锻，精度适中，工艺文件形式为工艺卡，生产成本、生产效率中等，需要中等技术工人进行操作。

五、应用题

1. 答：该工件的加工有一道工序，一个安装，一个工位，三个工步。

2. 答：该工件的加工有三道工序，车削有三个工步，钻削有两个工步。

§14—2　基准的选择

一、填空题

1. 加工　测量　设计基准　工艺基准
2. 设计基准　测量基准
3. 足够的加工余量　　加工表面　非加工表面
4. 粗基准　精基准
5. 定位基准　测量基准

二、判断题

1. √　2. ×　3. √　4. √　5. ×　6. ×

三、选择题

1. A　2. A　3. A、B、C、D　4. C、D、A、A

四、简答题

1. 答：设计基准是指在设计零件时，根据零件的功用，为满足零件的设计性能要求，确定零件表面在机器（或部件）中位置的一些点、线或面。

零件在加工工艺过程中所采用的基准称为工艺基准。

在机械加工中，按其用途不同，工艺基准分为工序基准、定位基准、测量基准和装配基准。

2. 答：(1) 尽可能采用设计基准或装配基准作为定位基准。

(2) 尽可能使定位基准和测量基准重合。

(3) 尽可能使基准统一。

(4) 选择精度高、安装稳定性可靠的表面作为精基准，并尽可能选用形状简单和尺寸较大的表面作为精基准，以利于定位稳定，减少定位误差。

(5) 选择精基准时，应考虑到使夹具设计容易，结构简单，操作方便。

3. 答：可采用比较简单的机床或单能机床，调整方便，容易实现单机自动化，实现自动装卸工件，自动测量等。工人便于掌握操作技能，有可能使用技能水平较低的工人。每道工序容易选择最佳切削用量。但工序流程长，工人、设备、工装较多，对生产管理要求高。

五、应用题

1. 答：选用毛坯 ϕ60 mm 外圆及轴肩作为粗基准，粗加工 ϕ180 mm 大外圆、断面、ϕ40 mm 孔；装夹 ϕ180 mm 大外圆加工 ϕ60 mm 外圆至要求，装夹 ϕ60 mm 外圆车削齿轮各尺寸。因为 ϕ60 mm 外圆及轴肩余量较小，牢固可靠。

选用 ϕ40H7 孔和大端面作为精基准，铣齿轮。符合基准统一原则，可满足齿轮加工要求。

2. 答：选用 B、C 两面为粗基准，划线并加工 A 面。B、C 面为不加工面，余量较小且均匀。

选用加工好的 *A* 面为精基准，加工各孔。*A* 面精度较高，安装稳定性好，而且符合符合基准统一要求。

§14—3 工艺路线的拟定

一、填空题

1. 加工工艺路线　具体加工内容　切削用量
2. 正常生产　加工精度
3. 有色金属
4. 尺寸精度　表面结构要求　保证加工质量
5. 切削性能　工件变形
6. 自动测量　切削用量
7. 加工方法　加工阶段　热处理

二、判断题

1. √　2. √　3. ×　4. ×　5. √　6. √

三、选择题

1. B　2. C　3. A、B、C、D　4. A　5. A

四、简答题

1. 答：单件、小批量生产采用工序集中原则是在通用设备上主要使用通用工具进行加工；大批、大量生产采用工序集中原则则必须采用高效专用设备，自动、半自动机床，组合机床等进行加工。

2. 答：先粗后精：先安排粗加工，中间安排半精加工，最后安排精加工。

先主后次：先加工主要表面，后加工次要表面。

基面先行：由于基准面在工艺过程中的重要作用，自然应先加工出来。通常在第一道工序中便加工所需的基准面。

先面后孔：加工孔时，先加工孔口平面，再加工孔。

五、应用题

1．答：

工序号	工序名称	工序内容	定位基准	加工设备
1	锻	锻造毛坯	—	空气锤
2	热处理	退火	—	回火炉
3	车	车端面，钻中心孔，车另一端面并取总长 140 mm，钻中心孔	毛坯外圆	普车
4	车	①粗车一端外圆至 $\phi40\times77$ mm、$\phi22\times22$ mm ②半精车该端外圆至 $\phi38.4\times76$ mm、$\phi20.4\times23$ mm ③切槽 3 mm × 1.5 mm ④倒角为 $C1.2$	毛坯外圆	普车
5	车	掉头 ①粗车外圆分别至 $\phi22\times64$ mm、$\phi17\times23$ mm ②半精车该端外圆至 $\phi20.4\times65$ mm、$\phi16\times24$ mm ③切槽分别至 3 mm × 1.5 mm ④倒角为 $C1.2$ ⑤车螺纹 M16	$\phi38.4\times$ 76 mm 外圆	普车
6	铣	粗、精铣键槽分别至 6 mm × 33 mm × 29 mm	两中心孔	铣床
7	热处理	淬火、回火 40 ~ 45HRC	—	—
8	钳	修研中心孔	—	—

续表

工序号	工序名称	工序内容	定位基准	加工设备
9	粗磨	①粗磨一端外圆分别至 $\phi38.06_{-0.04}^{0}$ mm 和 $\phi20.06_{-0.04}^{0}$ mm ②粗磨另一端外圆至 $\phi20.06_{-0.01}^{0}$ mm	两中心孔	外圆磨床
10	精磨	①精磨一端外圆分别至尺寸 ②精磨另一端外圆至尺寸	两中心孔	外圆磨床
11	检验	检验	—	—

传动轴结构较简单，尺寸差距不大，无特殊技术要求，毛坯采用锻件不是十分合理。改用棒料进行加工，可减少锻打和退火两道工序，降低生产成本。

2. 答：（1）粗车→半精车→精车（粗车用三爪卡盘装夹，精车时用芯轴装夹）

（2）钻孔→镗孔→磨削

3. 答：下料 $\phi30$ mm ×1 000 mm ×15 件→平端面车 $\phi28_{-0.01}^{0}$ mm 外圆留余量 0.2 ~0.3 mm→切断 60.3 mm→车另一端面控制长度尺寸 60 mm→无心磨 $\phi28_{-0.01}^{0}$ mm 外圆至尺寸要求。

§14—4 毛坯的选择

一、填空题

1. 种类的选择　制造方法
2. 毛坯制造　机械加工
3. 形状复杂　强度　形状
4. 模锻件　自由锻毛坯
5. 单件

二、判断题

1. √ 2. √ 3. √

三、选择题

1. A 2. B 3. A

四、简答题

答：(1) 零件的材料及力学性能要求。
(2) 零件的结构形状及大小。
(3) 生产类型。
(4) 现有生产条件。
(5) 尽量采用新工艺、新材料。

§14—5 加工余量和工序尺寸的确定

一、填空题

1. 加工余量
2. 总余量
3. 工序基准 设计基准
4. 设计尺寸 h H
5. 工序余量 工序基准

二、判断题

1. √ 2. √ 3. √ 4. √ 5. √

三、选择题

1. C 2. B 3. A

四、简答题

1. 答：这种方法是根据以工厂生产实践中统计的数据和试验研究积累的关于加工余量的资料数据为基础编制的加工余量标准，考虑不同加工方法和加工条件，查得的数据再结合实际加工情况进行修正，最后确定合理的加工余量。

2. 答：被加工表面的最终工序的工序尺寸及公差，在一般情况下可直接按零件图样规定的尺寸和公差确定。中间各工序的工序尺寸由零件图样规定的尺寸，根据工序余量的大小采用“由后向前”推算的方法确定，一直推算到毛坯尺寸。具体推算方法如下：

（1）对于外表面：前工序的工序尺寸 = 本工序的工序尺寸 + 本工序的工序余量。

（2）对于内表面：前工序的工序尺寸 = 本工序的工序尺寸 − 本工序的工序余量。

3. 答：当被加工表面的后继工序中要用作定位基准，而该工序的公差又不能满足定位精度要求时，必须按定位精度要求缩小该工序的工序尺寸公差。

需要渗碳、渗氮的零件表面，渗碳、渗氮前的加工工序及公差，必须与零件图样中规定的渗碳、渗氮层深度允许的变化量相符合。这时，工序尺寸及其公差应按工艺尺寸链计算结果确定。

五、应用题

1. 答：（1）计算加工余量。查表14—18、表14—20可得，基本尺寸为 $\phi15$ mm，长度为50 mm的外圆粗车余量 $z_4 = 1.5$ mm，半精车余量 $z_3 = 1$ mm，粗磨削余量 $z_2 = 0.2$ mm，精磨削余量 $z_1 = 0.1$ mm，则加工余量 z 为：

$$z = z_1 + z_2 + z_3 + z_4 = 0.1 + 0.2 + 1 + 1.5 = 2.8\ (\text{mm})$$

（2）计算各工序基本尺寸。按照“由后向前”的方法计算各工序基本尺寸。

精磨削后（最终工序）：$D_1=15$（mm）

粗磨削后：$D_2=D_1+z_1=15+0.1=15.1$（mm）

半精车后：$D_3=D_2+z_2=D_1+z_1+z_2=15+0.1+0.2=15.3$（mm）

粗车后：$D_4=D_3+z_3=D_2+z_2+z_3=15.1+0.2+1=16.3$（mm）

（3）确定公差及表面粗糙度。根据各加工工序所能达到的经济精度，查标准公差数值表，确定公差及表面粗糙度。

粗磨削后：IT8

半精车后：IT10

粗车后：IT13

查标准公差数值表，得轴基本尺寸为 ϕ15 mm 的公差：IT8 级为 0.027 mm，IT10 级为 0.070 mm，IT13 级为 0.27 mm。

各加工工序的工序尺寸公差及表面粗糙度：

精磨削：$\phi 15_{-0.034}^{-0.016}$表面粗糙度 Ra 值为 1.6 μm。

粗磨削：$\phi 15.1_{-0.027}^{0}$表面粗糙度 Ra 值为 1.6 μm。

半精车：$\phi 15.1_{-0.07}^{0}$表面粗糙度 Ra 值为 3.2 μm。

粗车：$\phi 15.3_{-0.27}^{0}$ 表面粗糙度 Ra 值为 12.5 μm。

2. 答：（1）计算加工余量。查表 14—18、表 14—21 可得，基本尺寸为 ϕ30 mm，长度为 50 mm 的内孔粗车余量 $z_4=2$ mm，半精车余量 $z_3=1.3$ mm，粗磨削余量 $z_2=0.2$ mm，精磨削余量 $z_1=0.1$ mm，则加工余量 z 为：

$$z=z_1+z_2+z_3+z_4=0.1+0.2+1.3+2=3.6\text{（mm）}$$

（2）计算各工序基本尺寸。按照“由后向前”的方法计算各工序基本尺寸。

精磨削后（最终工序）：$D_1=30$（mm）

粗磨削后：$D_2=D_1-z_1=30-0.1=29.9$（mm）

半精车后：$D_3=D_2-z_2=D_1-z_1-z_2=29.9-0.1-0.2=$

29.6（mm）

粗车后：$D_4 = D_3 z_3 - = D_2 - z_2 - z_3 = 29.9 - 0.2 - 1.3 =$ 28.4（mm）

（3）确定公差及表面粗糙度。根据各加工工序所能达到的经济精度，查标准公差数值表，确定公差及表面粗糙度。

粗磨削后：IT8

半精车后：IT10

粗车后：IT13

查标准公差数值表，得孔基本尺寸为 $\phi30$ mm 的公差：IT8 级为 0.033 mm，IT10 级为 0.084 mm，IT13 级为 0.33 mm。

各加工工序的工序尺寸公差及表面粗糙度：

精磨削：$\phi30^{+0.027}_{0}$ 表面粗糙度 Ra 值为 1.6 μm。

粗磨削：$\phi29.9^{+0.033}_{0}$ 表面粗糙度 Ra 值为 1.6 μm。

半精车：$\phi29.6^{+0.084}_{0}$ 表面粗糙度 Ra 值为 3.2 μm。

粗车：$\phi28.4^{+0.33}_{0}$ 表面粗糙度 Ra 值为 12.5 μm。

§14—6　计算机辅助工艺规划设计（CAPP）

一、填空题

1. 工艺路线　工序内容
2. 工艺设计
3. 人工交互
4. 工序卡

二、判断题

1. √　2. √　3. √　4. √　5. √　6. √

三、选择题

1. C　2. A　3. B　4. D

四、简答题

1. 答：CAPP（Computer Aided Process Planning）是计算机辅助工艺规程设计的缩写，它是通过向计算机输入被加工零件的几何信息（结构形状、尺寸等）和工艺信息（加工要求、材料、热处理、批量等），由计算机辅助工艺设计人员进行工艺规程设计并自动输出零件的工艺路线和工序内容等工艺文件的过程。

2. 答：根据 CAD/CAPP/CAM 集成的要求，CAPP 系统由控制模块、零件信息输入模块、工艺规程设计模块、工序决策模块、工步决策模块、NC 加工指令生成模块、工艺文件管理/输出模块、加工过程动态仿真、工艺数据库/知识库等基本模块组成。

3. 答：首先，将零件的特征信息以代码或数据的形式，输入计算机，并建立起零件信息的数据库；其次，把工艺人员编制工艺的经验、工艺知识和逻辑思想以工艺决策规则的形式输入计算机，建立起工艺决策规则库（工艺知识库）；再次，把制造资源、工艺参数以适当的形式输入计算机，建立起制造资源和工艺参数库；最后，通过程序设计充分利用计算机的计算、逻辑分析、判断、存储以及查询编辑等功能来自动生成工艺规程。这就是 CAPP 的基本原理。

第十五章　典型零件的加工工艺

§15—1　轴类零件的加工工艺

一、填空题

1. 轴类零件　套类零件　齿轮　箱体类零件

2. 传动零件　扭矩　回转

3. 内外圆柱面　台阶平面　螺纹

4. 碳素结构钢　合金结构钢　45 钢

5. 圆棒料　锻件　铸钢件　锻件

6. 圆棒料

7. 车削　磨削

8. 外圆表面　中心孔轴线

9. 粗精加工　磨削加工

10. 车削　螺纹

11. 正火　调质　淬火

12. 直径大　直径小　刚度

二、判断题

1. ×　2. √　3. √　4. ×　5. ×　6. ×　7. √　8. ×　9. ×　10. √

三、选择题

1. C　2. A　3. A　4. D　5. D　6. C　7. A　8. A　9. C　10. C　11. A　12. A

四、简答题

1. 答：齿轮轴是齿轮减速箱的主要零件之一，普通精度等级，直径不是很大，用棒料即可满足工作要求。用锻件会增加齿轮轴的生产成本。

2. 答：铣键槽时不加辅助支撑，工件的刚性不足，加工时容易产生震动，甚至会出现工件变形。

3. 答：加工轴类工件时，最常用的定位基准是中心孔，其次是外圆表面或空心轴的内孔表面。粗车时，切削力较大，可采用外圆表面与中心孔作为定位基准，采用“一夹一顶”车削；

精车、磨削时采用两中心孔作为定位基准。

4. 答：毛坯→正火→车端面打中心孔→粗车→调质→半精车→铣花键→铣键槽→螺纹加工等→表面淬火→粗磨→精磨。

5. 答：（1）对于一般常用材料，这是外圆加工采用的最主要的工艺路线。尺寸精度为 IT8 ~ IT7，表面粗糙度值为 *Ra*1.6 ~ 0.8 μm。

（2）对于黑色金属材料，精度要求高和表面粗糙度值要求较小，工件需要淬硬时，其后续工序只能用磨削而采用的加工路线。尺寸精度为 IT7 ~ IT6，表面粗糙度值为 *Ra*0.4 ~ 0.2 μm。

五、应用题

1. 答：

序号	工序名称	加工内容	定位基准	加工设备
1	下料	ϕ35 mm × 300 mm	毛坯外圆	锯床
2	粗车	ϕ23 mm 和 ϕ32 mm 分别至 ϕ25 mm 和 ϕ34 mm	外圆	车床
3	调质	热处理 28 ~ 32HRC	—	淬火回火炉
4	车	齐端面，打中心孔	工件外圆	车床
5	半精车	ϕ23h8、ϕ32h12 外圆留余量 0.2 ~ 0.3 mm，锯齿形螺纹外圆 ϕ32 至 ϕ32.5 mm	一夹一顶	车床
6	精车	车 ϕ32h12 外圆、锯齿形螺纹各尺寸，切槽、倒角	一夹一顶	车床
7	铣	键槽	一夹一顶	铣床
8	磨	ϕ23h8 外圆	两中心孔	磨床

2. 答：轴的尺寸有一定精度要求，车削时应分粗精车进行，铣键槽应以中心孔定位，为此需要打中心孔以方便装夹定位。教

材表15—2的加工工艺过程车外圆时全部用三爪自定心卡盘装夹定位不合理，铣键槽的装夹基准也不合理，这样加工的轴精度难保证，缺少倒角工序。

序号	加工方案	工序内容	装夹基准
1	车	齐总长，打两端中心孔	三爪自定心卡盘装夹
		粗车各外圆，留余量0.5～0.6 mm	三爪自定心卡盘装夹
		车两端退刀槽	三爪自定心卡盘装夹
2		精车各外圆至要求，倒角	两中心孔
3	铣	铣键槽	两中心孔

§15—2　套类零件的加工工艺

一、填空题

1．定位　导向

2．同轴度　容易变形

3．位置精度　加工变形

4．尺寸精度　几何精度　表面结构要求

5．工作条件　铸铁

二、判断题

1．√　2．√　3．√　4．×　5．√　6．√　7．√　8．√　9．√　10．√　11．√　12．√　13．×　14．×　15．√

三、选择题

1．A　2．D　3．A　4．D

四、简答题

答：为防止加工变形，将粗、精加工分开进行，使粗加工产生的变形在精加工中得以纠正，对于壁厚很薄的工件，要通过减少切削用量的方法控制零件的变形；为防止夹紧力导致的零件变形，工艺上可采取改变夹紧力方向的办法，改径向夹紧为轴向夹紧。当由于工件结构限制，只能采用径向夹紧时，要使用过渡套、弹簧套等夹紧工件，使径向夹紧力沿圆周方向均匀分布。

五、应用题

1. 答：

序号	工序名称	加工内容	定位基准	加工设备
1	热处理	退火	—	回火炉
2	钳	清砂处理	—	—
3	车	（1）平端面，车 ϕ31.75d7 外圆及长度 38 mm，各留余量 0.4 ~ 0.5 mm （2）车三角螺纹，钻孔 ϕ18 mm 深 50 mm，车孔 ϕ21 mm，车 ϕ60 mm （3）切槽，切断	毛坯外圆	车床
4	车	车 ϕ85 mm 外圆、大端面及长度 48 mm，车 1∶5 锥孔留磨量 0.4 ~ 0.5 mm	ϕ31.75d7 外圆	车床
5	磨	1∶5 锥孔	ϕ31.75d7 外圆	磨床
6	磨	磨 ϕ31.75d7 外圆及长度 38 mm	配 1∶5 锥孔芯轴	磨床
7	检测	按图样要求	—	—

2. 答：

<table>
<tr><th>序号</th><th colspan="2">工序名称</th><th>装夹基准</th><th>加工设备</th></tr>
<tr><td>1</td><td colspan="2">铸造毛坯</td><td>—</td><td>—</td></tr>
<tr><td>2</td><td colspan="2">车大圆柱外圆</td><td>毛坯外圆</td><td>车床</td></tr>
<tr><td>3</td><td colspan="2">车小圆柱外圆</td><td>大圆柱外圆</td><td>车床</td></tr>
<tr><td>4</td><td rowspan="6">车</td><td>车孔</td><td>小圆柱外圆</td><td>车床</td></tr>
<tr><td>5</td><td>车端面</td><td>小圆柱外圆</td><td>车床</td></tr>
<tr><td>6</td><td>车台阶</td><td>小圆柱外圆</td><td>车床</td></tr>
<tr><td>7</td><td>车槽</td><td>小圆柱外圆</td><td>车床</td></tr>
<tr><td>8</td><td>倒角</td><td>小圆柱外圆</td><td>车床</td></tr>
<tr><td>9</td><td>检验</td><td>—</td><td>—</td></tr>
</table>

§15—3　箱体类零件的加工工艺

一、填空题

1. 箱体类　传动
2. 结构复杂　轴承
3. 孔距　平行度
4. 铸铁
5. 非加工表面　加工表面
6. 粗加工　内应力
7. 各平面　主轴　轴承孔
8. 定位基准　热处理工序
9. 平面　孔系
10. 平面度　表面结构

二、判断题

1. √ 2. √ 3. × 4. √ 5. √ 6. × 7. × 8. √ 9. × 10. √

三、选择题

1. A 2. A 3. D 4. A、C 5. A、B

四、应用题

答：教材表15—13中的单级齿轮箱箱盖的加工工艺不是唯一方案。以下加工工艺与教材表15—13中的加工工艺有所不同，主要是底对合面与顶面的加工顺序有所变化。

在教材表15—13中底对合面铣加工后接着以此定位铣加工顶面，然后磨削底对合面，底对合面、顶面铣加工可在铣工序顺序完成。下面的加工工艺中，底对合面铣加工后接着开始磨削，再以此定位加工顶面，这样中间加入了磨削工序，组织生产麻烦，但以磨削后的底对合面为基准进行下面的加工，可更好地保证箱盖的加工精度。

序号	工序名称	加工内容	定位基准	加工设备
1	铸造	铸造毛坯、清砂	—	—
2	热处理	人工时效	—	—
3	油漆	清理毛坯浇口及毛刺，涂红丹底漆	—	—
4	钳	在划线部位涂带胶石灰水，划各平面加工线	凸缘上表面	—
5	铣	铣对合面，留余量0.4~0.6 mm	按划线找正	铣床
6	磨	磨底对合面，保证表面粗糙度 $Ra1.6$ μm	按划线找正	磨床

续表

序号	工序名称	加工内容	定位基准	加工设备
7	铣	铣顶面至图样要求	对合面、一侧面	铣床
8	钻	钻 $6\times\phi9$ mm 孔，锪 $6\times\phi18$ mm 孔	对合面	钻床
9	钻	钻 4×M3 底孔并倒角，攻 4×M3 螺孔	对合面	钻床
10	检验	按图样要求逐项检查	—	—

§15—4　齿轮的加工工艺

一、填空题

1．运动　转矩
2．工作性能　承载能力
3．结构形状　使用条件
4．受力不大　结构简单
5．准确性　平稳性
6．齿坯　齿面
7．内孔　基准面
8．铣齿　滚齿
9．精度等级　生产批量
10．齿坯粗加工　齿面精加工

二、判断题

1．√　2．√　3．×　4．×　5．√　6．√　7．√　8．√

三、选择题

1．C　2．D　3．C　4．B　5．B

四、简答题

1. 答：齿轮传动的传动比恒定，传递运动准确平稳，传递功率大，传动效率高，可实现较大的传动比，而且结构紧凑，工作可靠，使用寿命长。

2. 答：（1）具有一定的接触疲劳强度和弯曲疲劳强度。

（2）有足够的硬度和耐磨性。

（3）具有一定的冲击韧性。

（4）从工艺角度要求热处理变形要小，切削性能要好。

3. 答：齿轮制造应满足以下要求：

（1）传递运动要有一定的准确性和平稳性。

（2）在齿面上载荷分布要均匀。

（3）要保持适度的尺侧间隙，以便储存润滑油，补偿弹性变形和热变形以及齿轮的制造和安装误差。

（4）要有一定的表面结构要求和热处理要求。

五、应用题

1. 答：工件的加工需要经过车削、钻孔、攻螺纹、铣齿轮。加工步骤是：车削→钻孔→攻螺纹→铣齿轮。

2. 答：

序号	工序名称	加工内容	定位基准	加工设备
1	锻	自由锻，毛坯尺寸 ϕ75 mm×27 mm	—	空气锤
2	热处理	正火	—	回火炉
3	粗车	车外圆，两端面留余量 1 mm，内孔留余量 2 mm	外圆、两端面	车床
4	调质	—	—	—
5	精车	车外圆、两端面至图样要求；车 ϕ30H7 内孔至 $\phi31.8^{+0.033}_{0}$ mm	外圆	车床

续表

序号	工序名称	加工内容	定位基准	加工设备
6	滚齿	滚制齿面，留磨齿余量0.2～0.3 mm，表面粗糙度值 *Ra* 达3.2 μm	内孔、端面	滚齿机
7	钳	齿端面倒角、去毛刺	—	—
8	插	插键槽至图样尺寸要求	端面、内孔	插床
9	热处理	碳氮共渗，淬火52HRC	—	—
10	磨	找正内孔及端面（允许0.02 mm），磨内孔 ϕ30H7至图样尺寸要求	内孔、端面	磨床
11	磨齿	磨齿达图样要求	内孔、端面	磨齿机
12	钳	去全部毛刺	—	—
13	检验	按图样要求检测	—	—